ROLAND GERSTMEIER

Basic

Insekten

106
ARTEN
einfach
und sicher
erkennen

KOSMOS

Schnell zur richtigen Art mit dem **KOSMOS-FARBCODE**

FÜR DEN KOSMOS-FARBCODE wurden die Insekten in 7 Gruppen zusammengefasst, die eine Bestimmung erleichtern sollen. Jede Gruppe bzw. Farbe steht für eine Gruppe von Insekten, die einen ähnlichen Körperbau haben. Dabei spielt auch die Anzahl (und Form) der Flügel eine Rolle. Die Gruppierung folgt nicht der strengen zoologischen Systematik, sondern soll dir eine möglichst einfache und sichere Bestimmung erlauben.

Insekten sind mit ca. 1 Million Arten die vielfältigste Tiergruppe der Erde. Oft werden auch Spinnen, Milben, Krebse und andere wirbellose Kleintiere zu den Insekten gerechnet – das ist aber falsch. Darum schauen wir erst einmal ganz genau: Was macht ein Insekt aus? Insekten besitzen eine feste Außenhülle aus Chitin, wie eine Art Ritterrüstung. Der Körper ist in 3 Abschnitte – Kopf, Brust und Hinterleib – unterteilt. An der Brust sitzen 3 Beinpaare und oft auch Flügel. Die 6 Beine sind so markant, dass Insekten auch Sechsfüßer (Hexapoda) genannt werden.

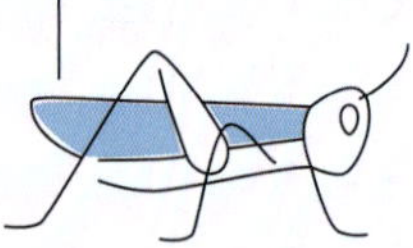

SEITE 6 BIS 15

Geradflügler

Bei den Geradflüglern sind die meist gleich großen Flügel in Ruhestellung nach hinten gerichtet und waagrecht über dem Hinterkörper abgelegt.
⟶ In diese Gruppe gehören Ohrwürmer, Schaben, die Gottesanbeterin und Heuschrecken.

KURZINFO
Der Farbbalken hilft dir bei der Navigation durch das Buch.

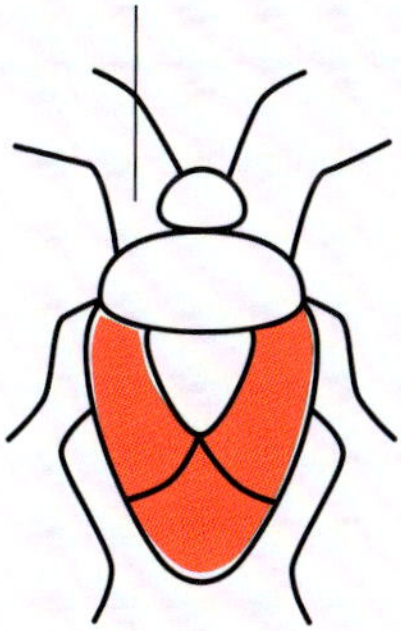

SEITE 16 BIS 27
Schnabelkerfe

Die Arten dieser recht vielfältigen Verwandtschaftsgruppe besitzen alle einen Stechrüssel. Viele legen ihre Flügel in Ruhe dachförmig über dem Hinterleib ab, wie die Zikaden und Pflanzenläuse.
→ Bei den Wanzen liegen die Flügel dagegen fast immer flach über dem Rücken, die Deckflügel sind nur an der Basis mit Chitin verdickt.

SEITE 28 BIS 41
Vierflügler

In diese nicht der Systematik folgenden Gruppe wurden Insekten mit 4 Flügeln gestellt, deren Flügel häutig, reich geadert und oft gleich groß sind.
→ Am bekanntesten dürften die Libellen sein, aber auch Eintags-, Stein-, Schlamm- und Köcherfliegen finden sich hier. Als Vertreter der Netzflügler werden Florfliege und Schmetterlingshaft vorgestellt.

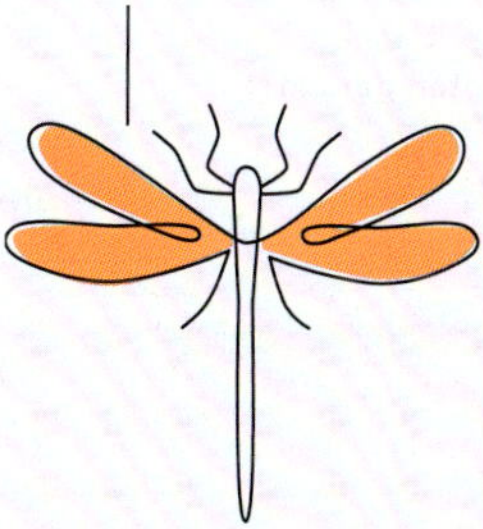

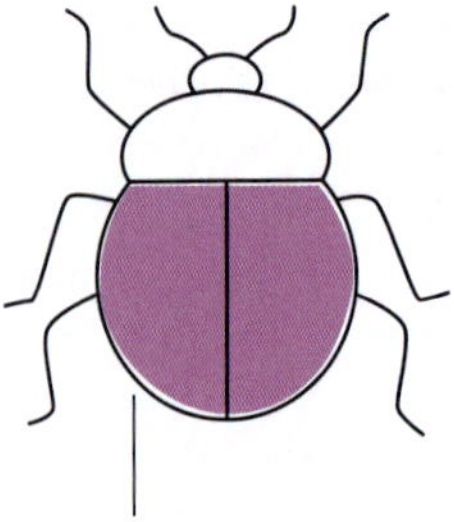

SEITE 42 BIS 77

Käfer

Die Käfer bilden eine eindeutige Verwandtschaftsgruppe, auch wenn ihr Körperbau recht vielseitig sein kann. Gemeinsam ist ihnen ihr wie gepanzert wirkender Körper. Wer kennt nicht Marienkäfer und Maikäfer aber auch die leuchtenden »Glühwürmchen«.

SEITE 78 BIS 93

Hautflügler

Bei den Hautflüglern sind die 4 häutigen Flügel nicht so reich geadert und meist sind die Vorderflügel größer als die Hinterflügel. Auch ihre mehr oder weniger langen Fühler sind oft deutlich zu erkennen.
⟶ Bienen, Wespen und Ameisen sind in dieser Gruppe vertreten.

SEITE 94 BIS 115

Schmetterlinge

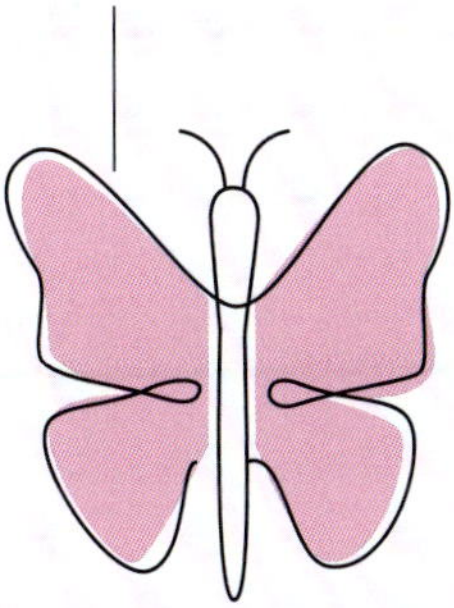

Schmetterlinge machen bezüglich der Gruppenzugehörigkeit keine Probleme – sie erkennt jeder. Hier werden vor allem tagaktive Tag- und Nachtfalter gezeigt, die gut zu beobachten sind. Ihre Flügel sind beschuppt, sie sind unterschiedlich gefärbt und tragen verschiedene Zeichnungen. Oft sind auch die Raupen auf ihren Futterpflanzen abgebildet.

SEITE 116 BIS 121

Zweiflügler

Eine ebenfalls sehr vielfältige Gruppe, bei der die Hinterflügel zu kleinen Schwingkölbchen reduziert sind – das kann man am besten bei den Schnaken erkennen.

⟶ Neben Fliegen und Mücken sind aus praktischen Gründen hier auch die Skorpionsfliegen eingeordnet.

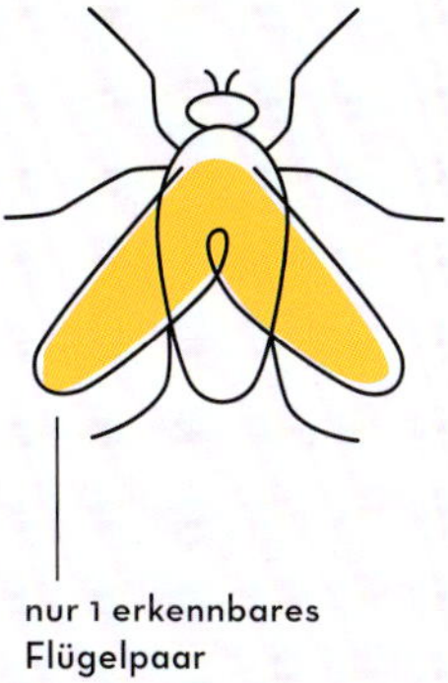

GERADFLÜGLER
schneller bestimmen

Das Insekt besitzt 4 etwa gleich große Flügel. Sie sind nach hinten gerichtet und in Ruhe mehr oder weniger waagrecht (flach) über dem Hinterleib abgelegt.

↓

Schau dir die weiteren hier beschriebenen Merkmale an.

↓

Dann blätterst du direkt weiter zu der Seite, ab der die passenden Arten beschrieben sind.

SEITE 8

Ohrwürmer

Sie haben einen lang gestreckten, abgeflachten Körper, an dessen Ende sich bei Männchen und Weibchen 2 zangenförmige Anhänge befinden. Die Vorderflügel sind verkürzt und bedecken als harte Flügeldecken die vielfach zusammengefalteten, häutigen Hinterflügel.

SEITE 9

Schaben

Der Körper der Schaben ist stark abgeplattet, die recht langen Fühler sind vielgliedrig. Bei den meisten Arten sind die Flügel der Männchen gut ausgebildet, bei den Weibchen sind sie oft reduziert oder fehlen ganz.

SEITE 10

Gottes- anbeterin

Die Gottesanbeterin gehört zu den Fangschrecken, die durch die »gebetsartige« Haltung der Vorderbeine bekannt ist. Schenkel und Schienen der Beine sind dabei mit spitzen Zähnchen bewehrt, so kann sie ein gefangenes Beutetier sehr gut festhalten.

ZUSATZINFO HEUSCHRECKEN
Anhand der Fühlerlänge unterscheidet man Langfühler- und Kurzfühlerschrecken.

AB SEITE 11

Heuschrecken

Diese Insekten besitzen zu Sprungbeinen verlängerte Hinterbeine, der Halsschild ist seitlich sattelförmig nach unten verlängert. Viele Arten können zirpende Geräusche produzieren (Stridulation).

Weibchen mit fast geraden Zangen →

Gemeiner Ohrwurm

Forficula auricularia

Länge 10–20 mm
Merkmale Braunschwarz, die kurzen Flügeldecken und die Beine heller. Zangen beim Männchen stark gebogen, beim Weibchen fast gerade.
Lebensweise Ohrwürmer sind nachtaktive Allesfresser. Da sie auch Blattläuse vertilgen, gelten sie als Nützlinge.
Vorkommen Sowohl in offenem Gelände als auch Wäldern, Gärten, sogar unter Blumentöpfen. Tagsüber verstecken sie sich unter Steinen, Baumstämmen, Laub und in Rindenritzen.

→ **INTERESSANT Das Weibchen betreibt Brutpflege, indem es die 20–50 Eier im Boden bewacht und regelmäßig wendet und beleckt, um Verpilzung und Austrocknung zu vermeiden. Auch die Larven werden umsorgt.**

❶ Küchenschabe

Blatta orientalis

STECKBRIEF 18–26 mm • Männchen mit Flügeln, Weibchen nur mit Flügelstummeln • Nachtaktiv, verstecken sich tagsüber in Spalten und Ritzen • In menschlichen Behausungen (gern Bäckereien), eventuell Krankheitsüberträger • Die Eier werden in einer eigenen Eikapsel abgelegt.

❷ Gemeine Waldschabe

Ectobius lapponicus

STECKBRIEF 7–14 mm • Vorderflügel bedecken bei beiden Geschlechtern den Hinterleib • Tagaktiv, in Wäldern, Heidegebieten, niedriger Vegetation • Männchen können gut fliegen, bei Störung rennen sie aber meist davon und verstecken sich in Bodenritzen • Alle frei lebenden Schaben sind harmlos.

Gottesanbeterin mit Beute →

Gottesanbeterin

Mantis religiosa

Länge 40–80 mm
Merkmale Unverkennbar durch die Haltung der Vorderbeine. Hellgrün oder braun.
Lebensweise Die tagaktiven, flugfähigen Gottesanbeterinnen lauern in der Vegetation auf ihre Beute, vorwiegend Heuschrecken, aber auch alle anderen Insekten. Die 100–300 Eier werden in einem zylindrischen Kokon meist unter Steinen abgelegt. Die Kokons bestehen aus vielen kleinen Kammern und isolieren deshalb gut gegen Wärme, Kälte und Feuchtigkeit.
Vorkommen In Mitteleuropa nur in besonders warmen Regionen. Meist Trockenrasen in Südlage.

→ **INTERESSANT Das kleinere Männchen muss bei der Paarung aufpassen, dass es vom Weibchen nicht aufgefressen wird.**

❶ Grünes Heupferd

Tettigonia viridissima

STECKBRIEF 28–42 mm • Leuchtend grüne Langfühlerschrecke, Weibchen mit langem Legebohrer • Auf Wiesen, Trockenrasen, im Gebüsch, auf Bäumen • Tag- und nachtaktive Insektenjäger • Männchen zirpen laut von Mittag bis Mitternacht. Lauterzeugung durch Übereinanderreiben der Vorderflügel.

❷ Warzenbeißer

Decticus verrucivorus

STECKBRIEF 24–45 mm • Halsschild mit erhabenem Mittelkiel • Im Norden seltener, im Süden häufig; auf Trockenrasen, Berg- und Feuchtwiesen • Frisst lebende und tote Insekten, auch Pflanzen • Wenn er gefangen wird, wehrt er sich, wie alle Heuschrecken, indem er beißt und Verdauungssaft absondert.

Feldgrille, vor der Höhle zirpend →

Feldgrille

Gryllus campestris

Länge 20–26 mm
Merkmale Walzenförmiger Körperbau mit großem Kopf, Flügeldeckenbasis ockergelb.
Lebensweise Feldgrillen leben einzeln in selbst gegrabenen, fingerdicken Erdröhren, die bis zu 40 cm tief in den Boden reichen können. Vorwiegend tagaktiv, doch zum Anlocken der Weibchen zirpen die Männchen vor dem Röhreneingang bis nach Mitternacht. Feldgrillen ernähren sich von kleinen Insekten und welken Pflanzenteilen.
Vorkommen In sonnigen Gebieten, Wiesen und Feldern.

→ INTERESSANT Der ausdauernde Gesang besteht aus einzelnen Versen, die wie »zri-zri-zri« klingen. Wie bei allen Langfühlerschrecken erfolgt die Lauterzeugung durch Übereinanderreiben der Vorderflügel.

Grabbein →

Maulwurfsgrille

Gryllotalpa gryllotalpa

Länge 35–50 mm
Merkmale In Anpassung an die unterirdische Lebensweise sind die Fühler recht kurz. Die Vorderbeine sind zu typischen, breiten Grabschaufeln umgebildet.
Lebensweise Die Maulwurfsgrille ernährt sich von Insekten und anderen kleinen Bodentieren; nur manchmal machen sie sich in Gärten unbeliebt, wenn sie Wurzeln annagen oder Jungpflanzen durch Unterwühlen schädigen.
Vorkommen In Gärten und Wiesen.

→ INTERESSANT Die insgesamt etwa 500 Eier werden in extra Höhlen (bis zu 25 cm tief) abgelegt und vom Weibchen bewacht. Eventuell werden später auch die geschlüpften Junglarven umsorgt. Die Entwicklung dauert meist 2 Jahre.

Der verwandte Nachtigall-Grashüpfer

Gemeiner Grashüpfer

Chorthippus parallelus

Länge 13–24 mm
Merkmale Die Männchen sind kleiner (bis 16 mm) als die Weibchen. Die Grundfarbe variiert sehr stark – zwischen Braun, Grün und Gelblich bis Dunkelrot. Die Weibchen sind meist stummelflügelig.
Lebensweise Der tagaktive Grashüpfer ist, wie fast alle Kurzfühlerschrecken, ein reiner Pflanzenfresser.
Vorkommen In offenen Gebieten, Heiden und Trockenrasen, aber auch mäßig feuchten Wiesen und Moorgebieten, häufig.

→ INTERESSANT Im Gegensatz zu den Langfühlerschrecken erfolgt die Lauterzeugung bei den Kurzfühlerschrecken durch Reiben der Hinterbeine (mit Schrillleiste) an den Vorderflügeln (mit Schrillkante).

❶ Rotflügelige Schnarrschrecke

Psophus stridulus

STECKBRIEF 23–40 mm • Hinterflügel leuchtend rot • Auf Wiesen und Lichtungen, v. a. in gebirgigem Gelände • Das Männchen erzeugt beim Fliegen einen lauten Schnarrton.

❷ Blauflügelige Ödlandschrecke

Oedipoda caerulescens

STECKBRIEF 15–28 mm • Hellblaue Hinterflügel mit schwarzem Saum; die Körperfarbe ist an den Untergrund angepasst • Steppen, Heideflächen, Steinbrüche • Ernährt sich v. a. von Gras.

SCHNABELKERFE
schneller bestimmen

DIE GROSSE GEMEINSAMKEIT der Verwandtschaftsgruppe der Schnabelkerfe liegt in der Ausbildung eines Stechrüssels. Gewisse Teile der Mundwerkzeuge sind zu Stechborsten umgebildet, andere bilden ein Doppelrohr, das als Nahrungs- bzw. Speichelkanal verwendet wird. Diese Insekten stechen pflanzliche Zellen an oder saugen Blut. Die Unterscheidung der 3 Gruppen – Wanzen, Pflanzenläuse und Zikaden – ist meist nicht schwer.

↓

Das Insekt erinnert etwas an einen Käfer. Schau dir die Mundwerkzeuge genau an.

↓

Hat es ein rüsselartiges Mundwerkzeug, bist du in dieser Gruppe richtig.

↓

Fehlt es, schau bei den Käfern ab Seite 42 nach.

AB SEITE 18

Wanzen

Wanzen legen ihre Flügel flach auf dem Körper ab. Ihre Fühler sind manchmal vier-, meist aber fünfgliedrig (siehe im Vergleich Käfer, ab Seite 42) und die Vorderflügel sind als sogenannte Halb-Flügeldecken (Hemielytren) ausgebildet. Ihr basaler Teil ist kräftig und hart (wie bei den Käfern), der Rest ist häutig.

SEITE 25

Pflanzenläuse

Zu den Pflanzenläusen gehören unter anderem die allseits bekannten Blattläuse. Sie legen die Flügel in Ruhe dachförmig über dem Hinterkörper ab, im Gegensatz zu Zikaden besitzen sie aber lange, mindestens viergliedrige Fühler.

ZUSATZINFO SCHNABELKERFE
Das gemeinsame Merkmale aller Insekten dieser Gruppe ist ihr mehr oder weniger auffallender Stechrüssel.

AB SEITE 26

Zikaden

Auch Zikaden legen ihre Flügel in Ruhestellung dachförmig über dem Rücken zusammen. Die Fühler sind meist sehr kurz und enden mit einer etwas längeren, dünnen Borste.

Kopulierendes Pärchen →

Streifenwanze

Graphosoma lineatum

Länge 8–12 mm
Merkmale Die Streifenwanze ist durch die rot-schwarze Längsstreifung unverwechselbar. Im Volksmund wird sie gerne auch »Badehosenwanze« genannt.
Lebensweise Streifenwanzen saugen Pflanzensäfte an Blüten und Früchten, sind gelegentlich aber auch räuberisch (kleine Insekten).
Vorkommen Auf Wiesen, Feldern, an Südhängen, v. a. auf Doldenblütlern.

→ INTERESSANT Die auffällige rot-schwarze Streifung stellt, ähnlich wie die gelb-schwarzen Streifen bei Bienen oder Wespen, eine Warnfärbung dar – die Tiere sind giftig oder schmecken zumindest sehr schlecht. Wie die meisten Wanzen besitzt die Streifenwanze Stinkdrüsen mit einem Wehrsekret.

SCHNABELKERFE

❶ Grüne Stinkwanze

Palomena prasina

STECKBRIEF 12–14 mm • Grün, nur der hintere Teil der Vorderflügel ist braun • Wiesen, Wegränder, Gärten, v. a. auf Doldenblütlern • Ernährt sich von Pflanzensäften, nur gelegentlich saugen sie Kleininsekten aus • Das Wehrsekret der Stinkdrüsen riecht übel • Überwintert als Imago unter Baumrinde.

❷ Beerenwanze

Dolycoris baccarum

STECKBRIEF 10–14 mm • Grau bis grünlich, weinrot gemustert, Seitenränder hell-dunkel gescheckt • Weg- und Waldränder, Gärten, Wiesen • Saugt gern an Früchten, überträgt dabei mit dem eingespritzten Speichel den widerlichen Wanzengeschmack, wodurch die Früchte ungenießbar werden.

Kopfansicht mit Stechrüssel →

Zornige Raubwanze

Rhinocoris iracundus

Länge 14–18 mm
Merkmale Rot-schwarz gemustert, die hochgebogenen Seitenränder des Hinterleibs sind rot-schwarz gescheckt; kräftiger, langer Stechrüssel, der in Ruhe sichelförmig unter dem Kopf getragen wird.
Lebensweise Die Zornige Raubwanze lauert auf Blüten auf andere Insekten, die sie mit ihrem großen Stechrüssel ansticht, lähmt und dann aussaugt.
Vorkommen Trockene, sonnige Stellen, auch Waldränder, meist auf Sträuchern und Blüten.

→ INTERESSANT Wie bei allen Wanzen sind die Nymphen den Imagines sehr ähnlich, haben aber noch keine Flügel. Wenn Raubwanzen vom Menschen angefasst werden, können sie zur Verteidigung durchaus schmerzhaft stechen.

Verschiedene Nymphenstadien und erwachsene Wanzen →

Feuerwanze

Pyrrhocoris apterus

Länge 8–12 mm
Merkmale Feuerwanzen sind von der Körperform her mehr oval als andere Wanzenarten; sie sind leuchtend rot-schwarz gezeichnet. Die Flügeldecken sind verkürzt.
Lebensweise Die harmlose Feuerwanze lebt gesellig – oft massenhaft – unter Linden. Der Zusammenhalt der sich meist in Bodennähe aufhaltenden Tiere wird über Sexuallockstoffe (Pheromone) gesteuert und gefördert.
Vorkommen Hält sich gern im Siedlungsbereich, in Parkanlagen und Alleen auf.

→ **INTERESSANT** **Gleich nach der Überwinterung beginnen die Feuerwanzen im Frühjahr mit der Balz, bei der das Männchen mit den Fühlern den Kopf des Weibchens betrillert. Die Paarung kann dann bis zu 30 Stunden dauern.**

Wald-Blumenwanze saugt an einer Blüte →

Wald-Blumenwanze

Anthocoris nemorum

Länge 3,5–4,5 mm
Merkmale Körper überwiegend schwarz, Flügel hellbraun mit dunkler Fleckenzeichnung, hinten weißlich.
Lebensweise Diese nützliche Art ernährt sich räuberisch von Blattläusen, anderen kleinen Insekten und Milben. Sie kann gelegentlich auch am Menschen Blut saugen.
Vorkommen Auf verschiedensten Pflanzen (u. a. Brennnesseln, Laubbäumen), an Wald- und Wegrändern, auch in Gärten.

→ INTERESSANT Gehört bei uns zu den häufigsten Wanzenarten. Sie saugt nur gelegentlich auch an Blättern. Die Tiere überwintern ausgewachsen in der Laubstreu. Bei uns kommen meist 2 Generationen im Jahr vor, bei günstiger Witterung sind auch 3 Generationen möglich.

Unterseite mit Stechrüssel →

Gemeiner Rückenschwimmer

Notonecta glauca

Länge 13–18 mm
Merkmale Eine Wasserwanze, bei der die Hinterbeine zu Schwimmbeinen mit Borstensäumen umgebildet sind. Die Bauchseite ist flach, die Flügel sind dachförmig.
Lebensweise Rückenschwimmer schwimmen mit dem Bauch nach oben. Sie können außerhalb des Wassers aber auch gut fliegen, um in andere Gewässer zu gelangen. Unter Wasser jagen sie kleine Wasserinsekten und deren Larven. Diese werden mit einem Stich ihres kräftigen Rüssels und einer Giftinjektion getötet und dann ausgesaugt.
Vorkommen In eher dicht bewachsenen, stehenden Gewässern.

→ INTERESSANT Der Stich des Rückenschwimmers ist auch für den Menschen recht schmerzhaft.

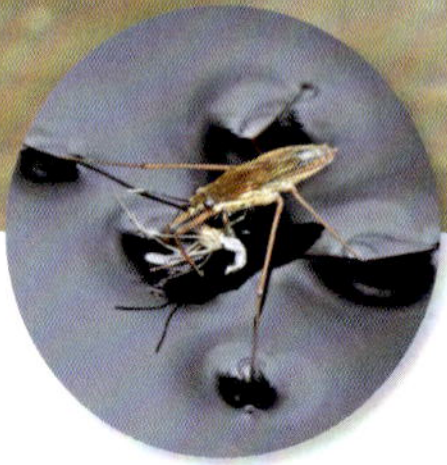

Wasserläufer mit Beute

Gemeiner Wasserläufer

Gerris lacustris

Länge 8–10 mm
Merkmale Eine schmale Wasserwanze mit langen, dünnen Beinen. Die Mittelbeine sind am längsten. Flügel sind vorhanden, sie können aber auch mehr oder weniger reduziert sein.
Lebensweise Wasserläufer jagen auf der Wasseroberfläche v. a. ins Wasser gefallene Insekten. Sie erspüren die zappelnden Insekten durch die Vibrationswellen, die diese auslösen.
Vorkommen In stehenden und langsam fließenden Gewässern, überall häufig.

INTERESSANT Der Körper wird über die Endglieder der sehr fein behaarten, wasserabstoßenden Beine durch die Oberflächenspannung des Wassers getragen. Durch die weit gespreizten Beine wird das Gewicht gut verteilt.

Geflügelte und ungeflügelte Stadien →

Blattlaus

Aphis fabae

Länge 2–3 mm
Merkmale Bei den Blattläusen gibt es geflügelte und ungeflügelte Stadien. Mithilfe eines Sipho (Rückenröhre) am Hinterleib scheiden sie Körperflüssigkeit aus, die einem Angreifer die Mundwerkzeuge verschmiert.
Lebensweise Blattläuse können oft massenhaft an ihren Wirtspflanzen sitzen und pflanzliche Zellen aussaugen.
Vorkommen Wild- und Kulturpflanzen.

→ INTERESSANT Der Lebenszyklus der Blattläuse ist eine Erfolgsstory, die auf einer rasanten Fortpflanzung beruht und einer weiten und schnellen Ausbreitung dient. Im Lauf eines Jahres wechseln sich geschlechtliche (Weibchen und Männchen) und eingeschlechtliche (rein weibliche) Generationen ab, gekoppelt an einen Wechsel der Wirtspflanzen.

Blutzikaden-Pärchen →

Blutzikade

Cercopis vulnerata

Länge 9–11 mm
Merkmale Glänzend schwarz, mit blutroter Zeichnung, mit stark s-förmig gebogenem, hinterem, rotem Band.
Lebensweise Blutzikaden sitzen fast immer auf Gräsern, Kräutern oder Sträuchern und saugen dort Pflanzensäfte. Obwohl sie gut fliegen können, springen sie bei Störung mit einem schnellen, kurzen Satz weg.
Vorkommen Im Hügelland und Vorgebirge in offenem Gelände und auf sonnigen Lichtungen.

→ INTERESSANT Die Eier werden vom Weibchen in feine Erdrisse gelegt. Die geschlüpften Nymphen leben etwa 10–15 cm tief in der Erde, gemeinsam eingehüllt von einem Schaumnest, und saugen an Wurzeln.

Das als »Kuckucksspeichel« bezeichnete Schaumnest

Wiesenschaumzikade

Philaenus spumarius

Länge 5–7 mm
Merkmale Braun, mit variabler, heller Bindenzeichnung.
Lebensweise Wie alle Zikaden ernährt sich auch die Wiesenschaumzikade von Pflanzensäften, meist an krautigen Pflanzen. Die Nymphen saugen an Stängeln von Wiesenpflanzen und sind von einem Schaumnest geschützt, das im Volksmund auch als »Kuckucksspeichel« bezeichnet wird.
Vorkommen Auf kräuterreichen Wiesen in offenem, etwas feuchtem Gelände.

→ INTERESSANT Das Schaumnest entsteht durch die flüssigen Ausscheidungen der Nymphe, in die aus einer Luftkammer im Hinterleib Luft hineingeblasen wird. Es schützt nicht nur vor Feinden, sondern auch vor Austrocknung.

VIERFLÜGLER
schneller bestimmen

Diese Gruppe entspricht nicht der zoologischen Systematik. Wir haben diese Zusammengestellung aber gewählt, um dir die Bestimmung der Arten in dieser Gruppe zu erleichtern. Du findest hier vierflügelige Insekten mit reich geaderten, häutigen, oft mehr oder weniger gleich großen Flügeln, die nicht in die Gruppe der Hautflügler (Seite 78) oder Schmetterlinge (Seite 94) eingereiht werden können.

Du hast ein Insekt mit 4 reich geaderten Flügeln gefunden.

↓

Achte darauf, ob die 2 Flügelpaare gleich oder unterschiedlich groß sind.

↓

Ein zweites Merkmal für die weitere Bestimmung ist die Länge der Fühler.

AB SEITE 30

Libellen

Das gefundene Insekt hat 2 gleich große Flügelpaare. Achte nun auf die Fühler: Sind diese kurz und hat das Tier auch noch 2 auffallend große Komplexaugen? Dann handelt es sich ganz sicher um eine Libelle.

SEITE 36

Eintagsfliegen

Bei deinem vierflügeligen Insekt sind die Hinterflügel deutlich kleiner als die Vorderflügel. Dann schau dir die Eintagsfliege auf S. 36 genauer an.

AB SEITE 37

Stein-, Schlamm- und Köcherfliegen

In dieser Gruppe findest du Insekten mit gleich großen Flügelpaaren, die in Ruhestellung meist (nicht immer) dachförmig zusammengelegt sind. Außerdem haben diese Insekten im Unterschied zu den Libellen lange Fühler. In dieser Gruppe findest du die Stein-, die Schlamm- und die Köcherfliegen.

AB SEITE 38

Netzflügler

Bei den Insekten dieser Gruppe fallen neben den langen Fühlern die gefärbten Flügel auf. Sie sind grün wie bei der Florfliege oder erinnern an Schmetterlingsflügel wie beim Schmetterlingshaft.

Larve, unten sieht man die Fangmaske →

Blaugrüne Mosaikjungfer

Aeshna cyanea

Spannweite 90–110 mm
Merkmale Leuchtend grün und blau gefärbt, mit schwarzer Zeichnung.
Lebensweise Mosaikjungfern sind einzelgängerische Jäger, die sich v. a. von fliegenden Insekten ernähren. Sie verteidigen ihr Revier gegen Rivalen. Zur Paarung wird das Weibchen im Flug von hinten ergriffen. Die bis zu 2 Stunden dauernde Kopulation findet im Sitzen statt.
Vorkommen Anspruchslose, überall häufige Art, die alle möglichen Gewässer – auch Gartenteiche – besiedelt.

→ INTERESSANT Diese und die 3 folgenden Arten gehören zu den Großlibellen; sie sind meist größer und kräftiger als die Kleinlibellen. Die Augen sind recht groß und einander angenähert.

Larve, mit 5 stacheligen Anhängen

Zweigestreifte Quelljungfer

Cordulegaster boltonii

Spannweite 85–95 mm
Merkmale Hinterleib schwarz, mit 2 gelben Ringen pro Segment. Die grünen Augen stoßen am Kopf oben zusammen.
Lebensweise Die Quelljungfern fliegen mit reißendem Flug dicht über der Wasseroberfläche, können aber auch (wie einige andere Großlibellen) weit entfernt von Gewässern beobachtet werden.
Vorkommen Meist nur an schmalen Fließgewässern, Bächen oder Rinnsalen.

→ INTERESSANT Die Männchen patrouillieren auf Weibchensuche über längere Gewässerabschnitte, oft nur knapp über dem Wasser. Sie besetzen kein Territorium und sind daher untereinander nicht sehr aggressiv. Die Eier werden vom Weibchen direkt in das Gewässer-Sediment abgelegt.

Männchen →

Königslibelle

Anax imperator

Spannweite 90–110 mm
Merkmale Brust einfarbig grün. Hinterleib beim Männchen leuchtend blau mit braunschwarzer Zeichnung, beim Weibchen grün-braun gemustert.
Lebensweise Einzelgänger mit heftiger Revierverteidigung, auch gegen andere Libellenarten, die sie nicht selten jagen und fressen, wenn sie klein sind.
Vorkommen An pflanzenreichen, stehenden Gewässern, auch an Gartenteichen. Können sich weit von ihrem Heimatgewässer entfernen.

INTERESSANT Das Schlüpfen der Königslibellen aus den im Gewässer lebenden Larven erfolgt synchron, meist um Mitternacht. Noch bei Dunkelheit fliegen die Junglibellen auf Bäume in der Umgebung und härten dort aus.

Weibchen sind gelb gefärbt →

Plattbauch

Libellula depressa

Spannweite 65–75 mm
Merkmale Auffällig ist der breite, abgeflachte Hinterleib, der bei den Männchen hellblau, beim Weibchen goldbraun ist.
Lebensweise Am liebsten sitzen diese Libellen auf einem Ast oder Pflanzenstängel, von wo aus sie ihre Jagd starten. Die Paarung findet ausschließlich im Flug statt. Die Weibchen legen ihre Eier im Schwirrflug (5–10 cm über der Wasseroberfläche) mit wippenden Bewegungen des Hinterleibs ab.
Vorkommen Kleine, wenig bewachsene Stillgewässer, auch Gartenteiche.

→ INTERESSANT Wie viele Großlibellen entfernen sich die erwachsenen Libellen oft viele Kilometer (bis über 50 km) von dem Gewässer, in dem sie sich entwickelt haben.

Ruhestellung →

Hufeisen-Azurjungfer

Coenagrion puella

Spannweite 40–50 mm
Merkmale Die Männchen sind hellblau, mit hufeisenförmiger, schwarzer Zeichnung auf dem 2. Hinterleibssegment. Die Weibchen sind meist grünlich, der Hinterleib ist überwiegend schwarz.
Lebensweise Wie bei vielen Kleinlibellen erfolgt die Fortpflanzung in Form eines Paarungsrads. Die Eier werden in Pflanzen meist knapp unter der Wasseroberfläche abgelegt.
Vorkommen An kleineren stehenden oder langsam fließenden Gewässern, fast immer nur im Uferbereich.

INTERESSANT Während der Eiablage steht das Männchen in der typischen »Wachturmstellung« auf dem Weibchen; diese aufrechte Stellung ermöglicht bei einer Bedrohung einen schnellen Start zur Flucht.

❶ Gebänderte Prachtlibelle

Calopteryx splendens

STECKBRIEF 60–70 mm Spannweite • Männchen breite, schwarzblaue Flügelbinde, Weibchen einheitlich grüngold • Die Männchen besetzen knapp 3 m² große Reviere • Eiablage in Pflanzenteile unter der Wasseroberfläche • Langsam fließende Bäche und Flüsse, mit Schilf- und Grasbewuchs.

❷ Blauflügel-Prachtlibelle

Calopteryx virgo

STECKBRIEF 60–70 mm Spannweite • Flügel der Männchen durchgehend dunkelblau • Weibchen ähnlich der Gebänderten Prachtlibelle, Flügel etwas brauner • An beschatteten, klaren, meist schnellfließenden Bächen • Die Männchen überwachen ihr Territorium von Sitzwarten aus und warten auf Weibchen.

Larve →

Große Eintagsfliege

Ephemera danica

Spannweite 35–45 mm
Merkmale Vorderflügel deutlich größer als Hinterflügel, dunkel gefleckt, mit 3 körperlangen Schwanzfäden.
Lebensweise Aufgrund verkümmerter Mundwerkzeuge können Eintagsfliegen keine Nahrung zu sich nehmen und leben nur bis zu 4 Tage. Die Männchen tanzen in großen Schwärmen über dem Gewässer oder in Gewässernähe.
Vorkommen Langsam fließende oder stehende Gewässer. Die Art ist meist häufig und fliegt von Mai bis September.

→ INTERESSANT Aus dem letzten Larvenstadium schlüpft ein noch nicht geschlechtsreifes Vorstadium, die Subimago, mit etwas dunkleren Flügeln. Sie häutet sich dann zur eigentlichen Imago.

Larve mit 2 Schwanz-anhängen →

Steinfliege

Nemoura cinerea

Spannweite 10–20 mm
Merkmale Düster bis braun gefärbt, die Borsten am Hinterleibsende des Männchens tragen 2 Stacheln. Die Flügel werden in Ruhestellung flach über dem Hinterleib zusammengelegt.
Lebensweise Meist fliegen Steinfliegen nur wenig und nicht weit. Sie sitzen gern im Schatten in Gewässernähe. Die Männchen leben 1–2 Wochen, die Weibchen etwa 1 Woche länger.
Vorkommen An stehenden und fließenden Gewässern, mit sauerstoffreichem Wasser.

→ **INTERESSANT Die Larven (mit 2 Schwanzanhängen) der Steinfliegen sind Indikatoren für eine gute Gewässerqualität. Die Entwicklung bis zur erwachsenen Steinfliege kann bis zu 3 Jahre lang dauern.**

Larve mit fadenförmigen Tracheenkiemen →

Schlammfliege

Sialis lutaria

Spannweite 20–35 mm
Merkmale Braun bis schwarzbraun gefärbt. Die Flügel sind mehr grobmaschig geadert. Sie überragen den Hinterleib und werden in Ruhestellung dachförmig getragen.
Lebensweise Schlammfliegen findet man im Frühling und Frühsommer auf Pflanzen in Gewässernähe. Sie fliegen eher selten und schwerfällig. Die Eier werden in geordneten Reihen an Pflanzenstängel über der Wasseroberfläche abgelegt.
Vorkommen Am Ufer von stehenden, seltener langsam fließenden Gewässern.

→ INTERESSANT Die innerartliche Verständigung und Partnerfindung erfolgt über für uns nicht hörbare Vibrationssignale (100–200 Hz). In Mitteleuropa kommen 4 verschiedene Arten von Schlammfliegen vor.

Larve mit Köcher aus Pflanzenteilen

Köcherfliege

Limnephilus lunatus

Spannweite 25–40 mm
Merkmale Köcherfliegen sind kleineren Nachtfaltern ähnlich, ihre Flügel sind aber nicht beschuppt, sondern fein behaart. Die Fühler sind oft mehr als körperlang.
Lebensweise Köcherfliegen sind meist dämmerungs- und nachtaktiv. Da ihre Mundwerkzeuge verkümmert sind, können sie allenfalls Flüssigkeiten aufnehmen.
Vorkommen An stehenden und langsam fließenden Gewässern, gern an kleinen Tümpeln und Teichen.

→ INTERESSANT Die am Gewässergrund lebenden Larven leben in selbst gebauten Köchern aus verschiedensten Materialien wie Steinchen, Holzstücken, Sandkörnern, Pflanzenteilen und sogar kleinen Wasserschnecken.

Larve mit Beute →

Florfliege

Chrysoperla carnea

Spannweite 15–30 mm
Merkmale Grün oder gelblich, mit golden leuchtenden Augen (daher auch der Name »Goldauge«). Die Flügel sind fein und dicht geadert und werden in Ruhestellung dachförmig über dem Körper getragen.
Lebensweise Die dämmerungs- und nachtaktiven Florfliegen kommen gern ans Licht. Sowohl erwachsene Tiere als auch die Larven sind Blattlausvertilger, sie ernähren sich aber eventuell auch zusätzlich von Pollen und Nektar.
Vorkommen Überall weit verbreitet und häufig, in Wäldern, Gärten, Parks und stellenweise in Gebäuden.

→ INTERESSANT Manche Arten können sich über Ultraschall verständigen und reagieren auf die Echo-Ortungslaute von Fledermäusen mit einem Sturzflug.

In Ruhestellung →

Schmetterlingshaft

Libelloides coccajus

Spannweite 40–55 mm
Merkmale Schmetterlingshafte erinnern im ersten Augenblick an Tagfalter; ihre Flügel sind gelb-schwarz gefleckt (allerdings ohne Beschuppung) und die langen Fühler sind am Ende knopfartig.
Lebensweise Die Imagines jagen bei Sonnenschein im Flug andere Insekten; von Zeit zu Zeit setzen sie sich auf Halmen ab.
Vorkommen Mit spärlicher Vegetation bewachsene, sonnige Hänge. In Mitteleuropa meist nur in sogenannten »Wärmeinseln«, z. B. am Kaiserstuhl. Südlich der Alpen nicht selten.

→ **INTERESSANT Zur Paarung ergreift das Männchen mit seinen langen Hinterleibszangen das Weibchen und beide setzen sich in der Vegetation ab.**

KÄFER schneller bestimmen

DIE ARTENREICHSTE GRUPPE im ganzen Tierreich sind mit über 350 000 bekannten Arten die Käfer, d. h. fast jede vierte Tierart auf der Welt ist ein Käfer. Sie sind in allen geografischen Regionen zuhause und besitzen eine enorme Vielfalt in ihrem Aussehen und ihren ökologischen Anpassungen. Trotzdem sind sie als Käfer recht gut zu erkennen. Darüber hinaus ist es für Einsteiger aber sehr schwierig, sich in den verschiedenen Unterordnungen, Überfamilien und Familien zurechtzufinden. Daher beschränken wir uns hier auf die eindeutigen Merkmale, um Käfer von anderen Insekten zu unterscheiden.

Du hast ein gepanzertes, käferartiges Insekt gefunden.

↓

Schau dir den Kopf genau an.

↓

Käfer haben beißend-kauende Mundwerkzeuge.

Chitinpanzer

Die meisten Käfer besitzen wie ein Ritter eine recht kompakte Rüstung, ihren Chitin-Panzer.
Man kann fast alle Käfer problemlos zwischen die Finger nehmen, sie können zwar zwicken und leicht beißen, aber sie sind nicht giftig und somit harmlos.

Mundwerkzeuge

Wenn man einen Käfer vorsichtig zwischen Daumen und Zeigefinger hält, kann man an der Unterseite des Kopfes die beißend-kauenden Mundwerkzeuge erkennen. Sie sind im Unterschied zu den Stechrüsseln der Wanzen kräftig und kompakt gebaut.

ZUSATZINFO KÄFER
Eindeutige Käfermerkmale sind beißend-kauende Mundwerkzeuge und Fühler mit mehr als 4–5 Fühlergliedern.

Fühler

Auch die Fühler verraten dir, ob du einen Käfer vor dir hast. Die meisten Käfer besitzen 11 oder 10 Fühlerglieder, in jedem Fall haben sie mehr als 4–5. Manchmal sind diese am Ende gekeult. Wanzen dagegen, die Käfern oft recht ähnlich sind, haben höchstens 4–5 Fühlerglieder, niemals mehr.

Die dolchartigen Oberkiefer eines Sandlaufkäfers →

Feld-Sandlaufkäfer

Cicindela campestris

Länge 10–15 mm
Merkmale Die Färbung ist variabel, meist jedoch leuchtend grün. Die Unterseite und die Beine sind kupferrot, die helle Zeichnung der Flügeldecken ist mehr oder weniger auf Punkte reduziert.
Nahrung Sandlaufkäfer sind tagaktive Räuber, die am Boden oder im Flug andere Insekten und Spinnen erbeuten und mit ihren großen Kiefern zerkleinern. Die Beute wird vor dem Mund – die Fachleute nennen das extra-oral – verdaut und aufgesogen.
Vorkommen Der weit verbreitete und nicht seltene Feld-Sandlaufkäfer kommt auf sonnigen Feld- und Waldwegen vor, aber auch in Heiden, Ödland und Sandgruben. Seine Verbreitung erstreckt sich von Europa bis nach Zentralasien, in Deutschland kommt er nahezu flächendeckend vor.

↑ Ansammlung von Wohnröhren

↑ Schnitt durch eine Wohnröhre eines Sandlaufkäfers

→ **INTERESSANT** **Bei einer ersten Beobachtung des scheuen Käfers könnte man denken, dass eine Fliege vom Weg wegfliegt. Sandlaufkäfer fliegen aber meist sehr geradlinig von der Störung weg und lassen sich in 2–4 m Entfernung wieder nieder. Geht man erneut auf sie zu, kann man dieses Spiel wiederholen. Eine interessante Lebensweise zeigen die Larven: Sie graben bis zu 5 cm lange Wohnröhren senkrecht in den Boden, die sie innen glätten und sauber halten. Auch im Umkreis der Öffnung ist alles weggeräumt, was die Sicht behindern könnte. In Lauerstellung sitzen die Larven, abgestützt mit 2 Dornhaken am Hinterleibsrücken, in ihrer Röhre und verschließen diese mit Kopf und abgewinkeltem Halsschild. Die einzelnen Augen auf dem Kopf können alle Richtungen erfassen. Bei Annäherung eines Opfers (z. B. Ameise, kleine Spinne) schnellen sie hervor, packen das Opfer, köpfen es und ziehen es in die Röhre, wo es (extra-oral) verdaut wird.**

Ansicht von vorne →

Körniger Laufkäfer

Carabus granulatus

Länge 17–23 mm
Merkmale Sehr variable Art: schwärzlich, grünlich, bronzefarben oder kupferrot. Fühler und Beine lang und schwarz, Schenkel manchmal rötlich.
Nahrung Räuber, ernähren sich von Regenwürmern, Insekten, Schnecken, faulendem Obst und Aas.
Vorkommen Gern in Gewässernähe, Laub-, Bruch- und Auwäldern, Flachmooren, Feuchtwiesen.

INTERESSANT Wie die meisten Großlaufkäfer findet man diese nachtaktive Art tagsüber unter Steinen, liegenden Baumstämmen und auch unter loser Baumrinde. Ergreift man sie ungeschickt, geben sie zur Verteidigung Verdauungssäfte aus dem Mund ab, die ein paar Tage auf der Haut als braune Flecken erhalten bleiben.

Lederlaufkäfer

Carabus coriaceus

Länge 30–42 mm
Merkmale Der größte einheimische Laufkäfer, matt schwarz, Flügeldecken grob, lederartig gerunzelt.
Nahrung Würmer, Insekten, Schnecken und Aas.
Vorkommen Lebt hauptsächlich in feuchten Laubwäldern (Buche), gelegentlich in Hecken und Gärten, manchmal verirrt er sich in Keller.

→ INTERESSANT Der flugunfähige Käfer ist nachtaktiv, gelegentlich ist er aber auch tagsüber bei der Nahrungssuche zu sehen. Im hohen Norden und in alpinen Lagen kann die Larvenentwicklung mehrere Jahre dauern, der Käfer selbst kann 2–3 Jahre alt werden. Alle Großlaufkäfer der Gattung Carabus sind geschützt.

Beim Ovalen Breitkäfer (Abax ovalis) überwintert das erwachsene Insekt →

Großer Breitkäfer

Abax parallelepipedus

Länge 16–22 mm
Merkmale Ein recht großer, schwarz glänzender Laufkäfer mit gestreiften Flügeldecken; diese sind ohne Tasthaare.
Nahrung Wie die anderen Laufkäfer räuberisch, frisst Insekten, Würmer und Schnecken.
Vorkommen Der Große Breitkäfer kommt besonders in feuchten Buchenwäldern vor, gern an Waldrändern, Lichtungen, Hecken und an Wegrainen. Man kann ihn unter Moos, in Baumstubben und liegendem Totholz aufstöbern.

→ **INTERESSANT Die Eier werden vom Weibchen jeweils mit einer Erdschicht umkleidet; im Gegensatz zum verwandten Parallelen Breitkäfer werden sie aber nicht bewacht. Die Larven überwintern.**

Manche Grabkäfer-Arten (hier Pterostichus burmeisteri) glänzen metallisch →

Schwarzer Grabkäfer

Pterostichus niger

Länge 15–21 mm
Merkmale Wie beim Großen Breitkäfer sind die Flügeldecken schwarz glänzend und punktiert gestreift, weisen aber einige Tasthaare auf.
Nahrung Käfer und Larven sind nachtaktive Räuber und jagen v. a. Schnecken, aber auch Insekten und Würmer.
Vorkommen Eine weit verbreitete und recht häufige Art in Wäldern, gebüschreichen Wiesen, Feldern, Gärten und an Gewässerufern. Im Gebirge bis in 2000 m Höhe.

→ INTERESSANT Auch wenn es meist nicht schwerfällt, einen Käfer als Laufkäfer zu erkennen, muss man berücksichtigen, dass es sehr viele ähnliche Arten gibt (bei der Gattung Pterostichus sind es fast 60 Arten), die meist nur von Spezialisten bestimmt werden können.

Gemeiner Furchenschwimmer: der kleinere Verwandte des Gelbrandkäfers →

Gelbrandkäfer

Dytiscus marginalis

Länge 27–35 mm
Merkmale Beim Gelbrandkäfer lassen sich Männchen und Weibchen unterscheiden: Das Männchen ist grünschwärzlich und besitzt glatte Flügeldecken. Das Weibchen ist bräunlich grün gefärbt und die Flügeldecken sind tief gefurcht. Außerdem besitzen die Männchen an den Vorderfüßen einen großen Saugnapf und etwa 150 kleine Saugnäpfe, mit denen sie sich bei der Paarung auf dem Rücken des Weibchens festhalten können. Die Ränder von Halsschild und Flügeldecken sind breit gelb gesäumt. Typisch für Schwimmkäfer sind die leicht gebogenen und mit langen Schwimmhaaren versehenen Schwimmbeine.
Die Larven können 6–8 cm lang werden; sie hängen mit ihrem Atemrohr meist an der Wasseroberfläche und besitzen am Kopf lange, dolchartige Saugzangen.

↑ Weibchen mit gefurchten Flügeldecken

↑ Larve

Nahrung Käfer und Larven jagen unter Wasser Insektenlarven, Kaulquappen und kleine Fische.
Vorkommen Gelbrandkäfer kommen in stehenden Gewässern mit reichlichem Bewuchs von Wasserpflanzen vor. Sie halten sich in dichter Ufervegetation auf, wo sie auf Beute lauern.

→ INTERESSANT Käfer und Larven kommen zum Luftholen an die Wasseroberfläche; die Larven atmen mit ihrem Atemrohr, die Käfer haben unter ihren Flügeldecken eine Luftblase, deren Sauerstoffgehalt beim Atmen frisch aufgefüllt wird. Die Käfer können auch hervorragend fliegen (oft nachts) und so neue Gewässer erobern. Sie erkennen die Wasseroberfläche durch die Reflexion des Lichts. Allerdings können ihnen Glasdächer, Solaranlagen und Folien über Obst- und Gemüsefeldern zum Verhängnis werden.

Gruppe von Taumelkäfern →

Gemeiner Taumelkäfer

Gyrinus substriatus

Länge 5–7 mm
Merkmale Der Körper der Taumelkäfer ist stromlinienförmig und gewölbt, die Flügeldecken sind fein punktiert gestreift. Mittel- und Hinterbeine sind zu abgeplatteten Ruderbeinen umgestaltet.
Nahrung Die Käfer ernähren sich von kleinen Insekten, die auf die Wasseroberfläche fallen.
Vorkommen Lebt v. a. in stehenden, aber auch beruhigten Zonen fließender Gewässer, oft in Gruppen und überall häufig.

→ INTERESSANT Die kurzen Fühler teilen die Augen in eine obere, über der Wasseroberfläche liegende Hälfte und eine nach unten schauende Hälfte. Die schnell kreisenden Schwimmbewegungen an der Wasseroberfläche werden als Schutzverhalten vor Fressfeinden interpretiert.

Moderkäfer mit aufgerichteter Hinterleibsspitze →

Schwarzer Moderkäfer

Ocypus olens

Länge 20–32 mm
Merkmale Die Flügeldecken sind verkürzt und lassen einen Großteil des Hinterleibs unbedeckt. Die Flugflügel sind unter den verkürzten Deckflügeln gefaltet. Mattschwarz bis glänzend und mit auffallend großem Kopf.
Nahrung Käfer und Larven fressen gern Schnecken, Regenwürmer, Insekten und deren Larven.
Vorkommen Überall häufig und weit verbreitet, vorwiegend in Laubwäldern. Tagsüber versteckt sich der Käfer gern unter modernden Holzstücken, aber auch unter Steinen und anderen Gegenständen.

→ **INTERESSANT Wird der Käfer gestört, biegt er seine Hinterleibsspitze hoch und öffnet seine großen Kieferzangen weit.**

Totengräber bewacht Larven →

Totengräber

Nicrophorus vespilloides

Länge 12–22 mm
Merkmale Der schwarze Käfer zeigt auf den etwas verkürzten Flügeldecken 2 gezackte, rotgelbe Binden, auch die Fühlerkeule ist schwarz.
Nahrung Käfer und Larven leben von Tierkadavern, v. a. von Kleinsäugern (Mäuse).
Vorkommen Bei uns überall verbreitet und nicht selten; in Wäldern, an Waldrändern und auf Lichtungen.

→ **INTERESSANT Totengräber sind natürliche »Leichenbestatter«. Findet ein Männchen Aas, lockt es durch Duftstoffe (Pheromone) ein Weibchen an. Beide unterwühlen das Aas, wodurch es in den Boden absinkt. Am Ende eines vom Aas wegführenden Gangs legt das Weibchen seine Eier ab. Die schlüpfenden Larven rufen durch Zirpen die Eltern und werden zum Aas geführt, gefüttert und beschützt – es handelt sich also um eine intensive Brutpflege.**

Weibchen eines Leuchtkäfers

Kleiner Leuchtkäfer

Lamprohiza splendidula

Länge 8–10 mm
Merkmale Bei den zarten, flachen Männchen ist der Kopf unter dem gerundeten Halsschild verborgen; dieser besitzt vorne 2 große, transparente Fensterflecken. Die Weibchen haben Stummelflügel und sind larvenähnlich. Die Leuchtorgane befinden sich am Ende des Hinterleibs.
Nahrung Die Käfer nehmen keine Nahrung zu sich, die Larven sind Schneckenfresser.
Vorkommen An Waldrändern, Gebüschen, in Parkanlagen.

INTERESSANT Die fälschlicherweise auch »Glühwürmchen« genannten Käfer erzeugen ein kaltes Licht. Dazu wird ein Leuchtstoff mithilfe von Energie, Sauerstoff und einem Enzym zum Leuchten angeregt.

Männchen und Weibchen in Paarung

Roter Weichkäfer

Rhagonycha fulva

Länge 7–10 mm
Merkmale Der ganze Käfer ist mehr oder weniger rotgelb gefärbt, das Ende der Flügeldecken ist schwärzlich.
Nahrung Käfer und Larve (am Boden) leben räuberisch, der Käfer fängt andere kleine Insekten auf Blüten.
Vorkommen Ab Juni und besonders im Hochsommer findet man die häufigen Käfer auf Doldenblüten, meist paarweise und gelegentlich in größerer Anzahl. Sie leben in offenem Gelände, auf Wiesen, Weiden und an Waldrändern.

→ INTERESSANT Wie bei allen Weichkäfern ist die Körperdecke weich und biegsam. Die Kopulation dauert recht lange, daher sieht man so oft verpaarte Käfer. Es kommen bis zu 7 Larvenstadien vor, die Verpuppung erfolgt erst im darauffolgenden Jahr.

Die Larve des Schnellkäfers wird Drahtwurm genannt →

Rotbauchiger Laubschnellkäfer

Athous haemorrhoidalis

Länge 9–15 mm
Merkmale Oberseite schwarzbraun bis schwarz, Flügeldecken meist etwas heller, Hinterleib an den Seiten rötlich gerandet, die Oberseite ist silbrig grau behaart.
Nahrung Die Käfer fressen Pflanzenteile an Büschen und Bäumen, die Larven ernähren sich im Boden von Wurzeln.
Vorkommen Eine weit verbreitete und sehr häufige Art auf Gebüsch und in Laubwäldern, auch in offenem Gelände, in Feldern und Wiesen.

→ INTERESSANT Mithilfe eines komplizierten Mechanismus können sich Schnellkäfer durch Abknicken der Vorderbrust aus der Rückenlage hochschnellen. Das funktioniert fast immer, wenn man sich den Käfer auf dem Rücken in die flache Hand legt.

Der verwandte Ameisenbuntkäfer ernährt sich von Borkenkäfern →

Bienenkäfer

Trichodes apiarius

Länge 9–16 mm
Merkmale Die Deckflügel sind leuchtend rot gefärbt und mit 2 schwarzen bis blauschwarzen Querbinden gebändert, der schwarze Spitzenfleck füllt das Ende der Flügeldecken aus.
Nahrung Alle Bienenkäfer sind Räuber, die auf Blüten – oft Doldenblüten – Jagd nach anderen Insekten machen und gelegentlich auch Blütenpollen zu sich nehmen.
Vorkommen Nicht häufig, im Frühsommer auf blütenreichen Wiesen, v. a. im Süden (im Voralpengebiet bis ins Gebirge).

→ INTERESSANT Auch die Larven leben räuberisch, v. a. in Wildbienennestern, selten in Stöcken von Honigbienen, wo sie dann tote Larven und Puppen fressen. Schäden richten sie aber nicht an.

Eine andere Art, der Goldgruben-Prachtkäfer, wird 10–15 mm groß →

Glänzender Blütenprachtkäfer

Anthaxia nitidula

Länge 5–7,5 mm
Merkmale Kopf und Halsschild des Weibchens sind goldgrün bis kupferrot, die Flügeldecken sind einfarbig grün. Die Männchen sind einfarbig grün gefärbt.
Nahrung Die Käfer ernähren sich von Pollen, hauptsächlich an Blüten von Wildrosen.
Vorkommen Als einer unserer häufigsten Prachtkäfer findet man den Käfer auf blühenden Büschen (Wildrosen), aber auch auf gelb blühenden Wiesenblumen an Wegen, Waldrändern und Hecken.

→ INTERESSANT Die beinlosen Larven leben unter der Rinde in absterbendem Holz von Schlehen und Obstbäumen. Sie brauchen für ihre Entwicklung oft mehrere Jahre.

Der invasive Asiatische Marienkäfer ist gefräßiger als unsere heimische Art →

Siebenpunkt-Marienkäfer

Coccinella septempunctata

Länge 5–8 mm
Merkmale Unser »typischster« Marienkäfer ist rund und halbkugelig hochgewölbt. Die leuchtend roten Flügeldecken tragen 7 schwarze, rundliche Flecken. Am schwarzen Halsschild sitzt seitlich je ein weiß-gelber Fleck.
Nahrung Die Käfer leben von Blatt- und Schildläusen, pro Tag können sie schon mal gut 50 Blattläuse vertilgen.
Vorkommen Unser häufigster Marienkäfer kommt praktisch überall vor, auch in Gebäuden.

Käfer und Larven sind sehr nützliche Schädlingsbekämpfer; so fressen die Larven bis zu ihrer Verpuppung – das dauert je nach Wetter und Blattlausangebot 25–40 Tage – über 600 Blattläuse. Man kann die Larven oft auf Blättern beobachten. Sie sind blaugrau, besitzen an den Seiten je 3 gelbe Flecken und schwarze Warzen auf dem Rücken. Ein

↑ Marienkäfer-Larve

↑ Eier

Weibchen kann bis zu 800 Eier ablegen. Entgegen einer vielfachen Volksmeinung geben die Punkte auf den Flügeldecken nicht das Alter der Käfer an. Unser Siebenpunkt wird also nicht 7 Jahre alt – einmal aus der Puppe geschlüpft, verändert sich der Käfer nicht mehr und lebt etwa 1 Jahr.
Bei Bedrohung, also auch wenn man Marienkäfer auf die Hand nimmt, scheiden sie eine gelbe, bittere Blutflüssigkeit an den Beingelenken aus. Sie ist für Menschen nicht gefährlich.

→ INTERESSANT Seit etlichen Jahren macht sich bei uns der invasive Asiatische Marienkäfer (Harmonia axyridis) breit. Dieser Käfer ist im Aussehen sehr variabel, kann aber meist an einem schwarzen M (oder W) auf dem hellen Halsschild unterschieden werden. Er ist sehr viel gefräßiger als unser Siebenpunkt und macht sich auch über unsere einheimischen Marienkäfer her.

Männchen haben 7, Weibchen nur 6 Fühlerblätter.

Feld-Maikäfer

Melolontha melolontha

Länge 20–30 mm
Merkmale Flügeldecken braun; Kopf, Halsschild und Schildchen schwarz. Die Fühlerkeule besteht beim Männchen aus 7, beim Weibchen aus 6 Lamellen. Die Hinterleibsseiten besitzen weiße Flecken.
Nahrung Die Käfer fressen Blätter von Laubbäumen, bevorzugt von Eichen und Buchen. Früher konnten bei Massenvorkommen ganze Bäume entlaubt werden. Die Larven ernähren sich von Wurzeln krautiger Pflanzen, aber auch von Waldbäumen.
Vorkommen In offenem Gelände, an Waldrändern, gelegentlich auch in Obstplantagen.

In warmen Jahren können die Käfer nach der Überwinterung schon Ende April, Anfang Mai schlüpfen. Sie schwär-

↑ Larve (Engerling)

↑ Puppe

men abends an Waldrändern um Laubbäume, von deren Blättern sie sich ernähren. Die Weibchen legen dann ihre Eier am Boden von Wiesen und Weiden ab. Die »Engerlinge« genannten Larven leben im Boden und fressen Wurzeln; bei Massenbefall können sie durchaus schädlich werden. Ihre Entwicklung dauert je nach Klimabedingungen 3–4 Jahre.
In Mitteleuropa treten 3 sehr ähnliche Arten auf, die sich an der Form ihrer Hinterleibsspitze unterscheiden lassen.

→ INTERESSANT Günstige Bedingungen können zu einer Massenvermehrung führen, sodass es alle 3–4 Jahre zu Maikäferjahren kommen kann. Aus der ebenfalls tief – bis 1 m – im Boden liegenden Puppe schlüpfen im Herbst die Käfer, die bis zum nächsten Frühjahr überwintern.

Weibchen →

Nashornkäfer

Oryctes nasicornis

Länge 20–43 mm
Merkmale Bei dem glänzend braunen Käfer tragen die Männchen ein langes Kopfhorn, das den Weibchen fehlt oder bei denen es sehr klein ausgebildet ist.
Nahrung Beim Käfer vermutet man, dass sie ausfließenden Baumsaft lecken; die Larven ernähren sich von Mulm von Bäumen, sind heute aber vielfach auf Komposthaufen umgestiegen.
Vorkommen Die wärmeliebende Waldart kommt auch in Parks und Gärten vor.

→ INTERESSANT Die engerlingsähnlichen Larven können mit ihrer Bakterienflora im Darm Zellulose (pflanzliche Zellwände) abbauen. Die Entwicklung der Larven kann bis zu 5 Jahre dauern, die Käfer leben höchsten ein paar Monate.

Der zum Verwechseln ähnliche Gemeine Rosenkäfer (Cetonia aurata) →

Kupfer-Rosenkäfer

Protaetia cuprea

Länge 14–25 mm
Merkmale Metallisch grün-golden glänzend, mit weißen Punkten und Querstrichen, kurze, gekeulte Fühler.
Nahrung Die Käfer fressen Blüten (u. a. Heckenrosen) und lecken ausfließenden Baumsaft. Die Larven leben von moderndem Holz und auch von verottendem Nestmaterial in den Randbezirken von Nestern der Roten Waldameise.
Vorkommen Von Mai bis Ende Juli in lichten Laub- und Mischwäldern, in Parks und Gärten.

→ **INTERESSANT Bei Rosenkäfern ist die vordere Außenseite der Flügeldecken hochgewölbt, sodass sie dort ihre Hinterflügel sehr schnell ausbreiten können, ohne die Flügeldecken anheben zu müssen (Blitzstart).**

Geweihkampf zweier Männchen →

Hirschkäfer

Lucanus cervus

Länge 25–75 mm
Merkmale Der Hirschkäfer ist der größte einheimische Käfer, seine Flügeldecken sind braun bis braunschwarz. Bei den Männchen sind die Oberkiefer geweihartig vergrößert, die Weibchen besitzen »normale« Kieferzangen.
Nahrung Die Käfer lecken den Saft an den Wunden von Baumstämmen, oft an Eichen. Die Larven ernähren sich von abgestorbenem Holz in morschen Baum- und Wurzelstöcken von Eichen, aber auch von anderen Laubholzarten.
Vorkommen Der Hirschkäfer lebt bevorzugt in Wäldern mit alten Eichen; heute ist er meist überall selten geworden.

Männchen und Weibchen treffen sich in der Abenddämmerung zur Paarung am Saftfluss. Landen dort mehrere Männchen, tragen sie mit ihren »Geweihen« Kämpfe aus und ver-

↑ Weibchen

↑ Larve

suchen, den Gegner vom Stamm zu stoßen. Das siegreiche Männchen kann die Leckstelle und das Weibchen mehrere Tage bewachen und verteidigen. Die Eier werden tief im Boden eines Wurzelstocks abgelegt. Die Larve frisst dort 5–8 Jahre und kann eine Länge von bis zu 10 cm erreichen. In diesem Wurzelstock findet auch die Verpuppung statt.

→ **INTERESSANT** **Der Hirschkäfer ist streng geschützt und kann in der Europäischen Union als »Flaggschiffart« der Fauna-Flora-Habitat-Richtlinie (FFH) gelten. Dies beinhaltet den Schutz der Lebensräume der Käfer, was leider aber nicht immer konsequent verwirklicht werden kann.**

Urwüchsige Eiche: Biotop für den Kleinen Eichenbock →

Kleiner Eichenbock

Cerambyx scopolii

Länge 17–28 mm
Merkmale Der Halsschild ist oberseits stark gerunzelt und trägt an jeder Seite einen spitzen Dorn. Das Ende der Flügeldecken ist stumpf abgerundet.
Nahrung Die Käfer lecken gern am Saftfluss von Laubbäumen, ernähren sich aber auch von Blütenpollen und Nektar. Die Larven entwickeln sich im Holz verschiedener Laubbäume (Buchen, Obstbäume).
Vorkommen Von Mai bis Juli auf blühenden Sträuchern und an ihren Brutbäumen (auch Klafterholz).

→ INTERESSANT Die Eier werden einzeln in Rindenrisse abgelegt. Der von dort ausgehende Larvengang wird mit einem Spanpfropfen und einem Kalkdeckel verschlossen. Dies dient dem Schutz vor vielen Feinden (Spechte, Schlupfwespen).

Alte Weiden: wichtige Brutbäume für den Moschusbock →

Moschusbock

Aromia moschata

Länge 13–35 mm
Merkmale Die Färbung der metallisch glänzenden Flügeldecken ist recht variabel und reicht von Erzgrün über Kupferfarben, Blau, Violett bis Schwarz.
Nahrung Die Käfer ernähren sich von Baumfluss, von Blüten und auch von lebendem Holz (Weiden).
Vorkommen Von Juni bis August in feuchteren Gebieten mit Weiden, auch an Waldrändern.

→ INTERESSANT Der Name Moschusbock lässt sich auf Drüsen der Hinterbrust zurückführen, die ein stark riechendes, moschusartiges Sekret absondern. Diese Duftstoffe stammen aus den Futterpflanzen und werden in den Drüsen chemisch umgewandelt. Durch das Verschwinden alter Weiden geht der Bestand dieser Käfer gebietsweise zurück.

Buchenklafter: dienen über mehrere Jahre als Brutbiotop

Alpenbock

Rosalia alpina

Länge 15–38 mm
Merkmale Einer unserer schönsten Käfer; unverwechselbar durch die hellblaue Behaarung und schwarze Flügeldeckenzeichnung.
Nahrung Die Larven fressen v. a. in der äußeren Holzschicht von Buchenstubben (Baumstümpfen). Ob die nur wenige Wochen lebenden Käfer Nahrung zu sich nehmen, ist unklar.
Vorkommen Im Alpen- und Voralpengebiet sowie auf der Schwäbischen Alb.

INTERESSANT Wie viele Insektenarten ist der geschützte Alpenbock nicht durch Käfersammler bedroht, sondern durch den Verlust der geeigneten Biotope. Das Stehenlassen von Buchenklaftern könnte lokale Bestände mittelfristig garantieren.

❶ Rothalsbock

Strictoleptura rubra

STECKBRIEF 10–20 mm • Die Käfer ernähren sich von Blütenteilen, die Larven entwickeln sich im Holz abgestorbener Nadelbäume • Mai bis September; von der Ebene bis ins Gebirge, meist auf Doldenblüten, aber auch an altem Holz • Früher waren die Larven Schädlinge in Telegrafenmasten.

❷ Gefleckter Schmalbock

Rutpela (Strangalia) maculata

STECKBRIEF 14–20 mm • Frisst Pollen, Staubgefäße und Nektar • Einer unserer häufigsten Bockkäfer, gern auf Doldenblüten • Die wespenähnliche Zeichnung gibt dem Käfer einen gewissen Schutz • Erzeugt durch Bewegung des Halsschilds gegen die Mittelbrust quietschende Laute.

Kartoffelkäfer-Puppe →

Kartoffelkäfer

Leptinotarsa decemlineata

Länge 6–10 mm
Merkmale Unverwechselbar durch die gelben Flügeldecken mit den 10 schwarzen Längsbinden. Auch der Halsschild und der Kopf sind schwarz gemustert.
Nahrung Käfer und Larven fressen die krautigen Teile der Kartoffelstauden.
Vorkommen Überall verbreitet, wo Kartoffeln angebaut werden; von April bis Oktober.

Die Käfer verlassen im Frühsommer ihre Winterquartiere im Boden (bis in 1 m Tiefe) und fressen kurz an den austreibenden Kartoffelpflanzen. Die Weibchen legen wiederholt Eipakete mit 20–60 Eiern an die Blattunterseiten, pro Jahr bis zu 2500. Bereits nach 1 Woche schlüpfen die rosafarbenen Larven und fressen an den Blättern. Nach 2–4 Wochen

↑ Eierpaket

↑ Larve: rot mit schwarzen Punkten

verpuppen sich die Larven in einer Erdhöhle. Die Käfer schlüpfen nach 2–3 Wochen und überwintern im Boden. Sie können bis zu 2 Jahre alt werden; in wärmeren Jahren kann es zu einer 2. Generation kommen.

→ INTERESSANT Der ursprünglich aus den Rocky Mountains stammende Käfer wurde 1877 mit dem Einführen von Kartoffelpflanzen in Mitteleuropa eingeschleppt und breitete sich rasant nach Osten aus. Heute ist er schon tief nach Russland vorgedrungen. Obwohl er zahlreiche natürliche Feinde hat – viele Vögel, Laufkäfer – und große Anstrengungen zu seiner Bekämpfung unternommen wurden, lässt sich der Kartoffelkäfer bei uns nicht mehr ausrotten.

Larven →

Erlenblattkäfer

Agelastica alni

Länge 6–7 mm
Merkmale Der mit am häufigsten zu findende Blattkäfer ist blauschwarz (selten violett), die unbehaarte Oberseite ist dicht und fein punktiert.
Nahrung Die Käfer fressen hauptsächlich an Erlen, zuerst mit Lochfraß, dann bis hin zu Kahlfraß; die Larven fressen fensterartige Flecken in die Blätter.
Vorkommen In fast ganz Europa verbreitet.

→ INTERESSANT Die in Stamm- und Astachseln überwinternden Käfer erscheinen im April auf Erlen, wo kurz danach auch die Paarung erfolgt. Die dottergelben Eier werden in Gelegen von 60–70 Stück an die Unterseite von Erlenblättern geheftet. Die gemeinschaftlich fressenden Larven verpuppen sich nach 3–4 Wochen in der Erde.

Schwarz punktierte weißliche Larve →

Pappelblattkäfer

Melasoma populi

Länge 10–12 mm
Merkmale Der typisch gewölbte und breit gerundete Blattkäfer hat rote Flügeldecken, die am Ende je einen kleinen, schwarzen Fleck tragen. Kopf und Halsschild sind schwarz, mit grünem Metallschimmer.
Nahrung Käfer und Larven fressen an den Blättern von Pappeln und Weiden.
Vorkommen In ganz Europa weit verbreitet, Mai bis August.

→ INTERESSANT Werden die Käfer gestört oder von Fressfeinden attackiert, geben sie zur Abwehr ein nach Karbol riechendes Sekret ab, das ursprünglich aus der Salicylsäure der Pappel- und Weidenblätter stammt. Wenn sich die Käfer wieder beruhigen, kann dieser Sekrettropfen wieder in den Vorratsraum der Drüse zurückgesogen werden.

Larve und Puppe →

Gefurchter Dickmaulrüssler

Otiorrhynchus sulcatus

Länge 8–10 mm
Merkmale Dieser häufige Rüsselkäfer gehört zur Gattung der Lappenrüssler, deren Rüssel kurz und breit sowie vorne lappenartig erweitert ist. Die Flügeldecken sind schwarz, gefurcht und mit gelblichen Haarflecken besetzt.
Nahrung Die Käfer fressen an Blättern, Knospen und jungen Trieben verschiedenster Pflanzen. Die Larven ernähren sich von Wurzeln, was zu Schäden an Pflanzen in Gewächshäusern und an Topfpflanzen auf Balkonen, Terrassen und Wohnungen führen kann.
Vorkommen In ganz Europa in Gärten und an Waldrändern.

INTERESSANT Die Käfer können 2 Jahre alt werden. Da man nur Weibchen kennt, vermutet man eine sogenannte Jungfernzeugung (Parthenogenese), das heißt eine vom Männchen unabhängige Fortpflanzung durch unbefruchtete Eier.

Fraßbild →

Buchdrucker

Ips typographus

Länge 4–5,5 mm
Merkmale Ein walzenförmiger Borkenkäfer mit abstehender Behaarung. Die am Ende schüsselförmig abgestutzten Flügeldecken tragen innen jeweils 4 Zähnchen. Der Kopf ist unter dem Halsschild verborgen.
Nahrung Hauptbrutbaum ist die Fichte, nur gelegentlich Kiefer und Lärche.
Vorkommen Im Verbreitungsgebiet der Fichte überall häufig.

→ INTERESSANT Normalerweise entwickeln sich die Larven unter der Rinde kränkelnder oder abgestorbener Bäume, bei Massenvermehrung können aber auch gesunde Fichten befallen werden – eine oft typische Problematik bei Monokulturen. Die an Ornamente erinnernden Fraßgänge der Larven sind arttypisch.

HAUTFLÜGLER
schneller bestimmen

DIE HAUTFLÜGLER sind eine wärmeliebende Insektengruppe, die in Mitteleuropa mit über 11000 Arten vorkommt. Sie haben eine große wirtschaftliche Bedeutung, primär als Blütenbestäuber, aber auch als Honiglieferanten und bei der Vernichtung von Schadinsekten.
Alle Ameisen, alle Hummeln sowie einige Bienen und Wespen sind staatenbildend. Die kleinsten Hautflügler werden nur 0,2 mm groß, die größten bis zu 6 cm lang. Ihr markantes Merkmal sind die 4 häutigen Flügel, wobei die Vorderflügel meist deutlich größer sind als die Hinterflügel. Über eine Bindevorrichtung (Häkchenreihe) können die beiden Flügel im Flug gekoppelt werden. Die deutlichen Fühler weisen 3–70 Glieder auf.

Du hast ein Insekt mit 4 häutigen Flügeln gefunden. Das vordere Flügelpaar ist deutlich größer als das hintere.

↓

Achte nun auf Körperbau, Behaarung und Farbe.

SEITE 80

Pflanzenwespen

Anders als alle anderen Hautflügler besitzen Pflanzenwespen keine typische Wespentaille – Hinterleib und Brust sind gleich breit.

AB SEITE 81

Schlupf-, Sand- und Wegwespen

Die Gruppe dieser Wespen hat eine deutlich ausgeprägte Wespentaille und einen zarten, schmalen Körperbau. Oft besitzen diese Insekten einen langen Legeapparat.

AB SEITE 84

Faltenwespen

In diese Gruppe gehören die »typischen Wespen« mit eher kräftigem Körperbau und der oft auffälligen schwarz-gelben Färbung. Sie besitzen einen (nicht sichtbaren) Stechapparat und falten ihre Flügel in Ruhestellung in Längsrichtung.

AB SEITE 88

Bienen und Hummeln

Auch die Bienen haben einen eher gedrungenen Körperbau und besitzen oft eine starke Körperbehaarung.

AB SEITE 92

Ameisen

Obwohl sie zu den Hautflüglern zählen, haben Ameisen in der Regel keine Flügel. Nur zu bestimmten Jahreszeiten treten geflügelte Männchen und Jungköniginnen auf.

Blattwespen-Larve →

Gelbschwarze Blattwespe

Tenthredo vespa

Länge 8–18 mm
Merkmale Der schwarz-gelb gemusterte Hinterleib setzt breit (keine Wespentaille) an der Brust an, das Kopfschild besitzt ein gelbes Querband.
Lebensweise Blattwespen-Larven fressen meist offen auf Laubblättern (Esche, Ahorn, Liguster), die sie vom Rand her anfressen. Bei Beunruhigung biegen sie ihren Hinterleib S-förmig nach oben oder zur Seite.
Vorkommen In Mittelgebirgslagen in Waldnähe.

→ INTERESSANT Die Larven (Raupen) sehen Schmetterlingsraupen zum Verwechseln ähnlich. Sie besitzen im Gegensatz zu diesen allerdings nur ein freies Hinterleibssegment nach den Brustbeinchen, bevor die Bauchfußpaare kommen.

Holzwespe beim Einbohren des Legebohrers →

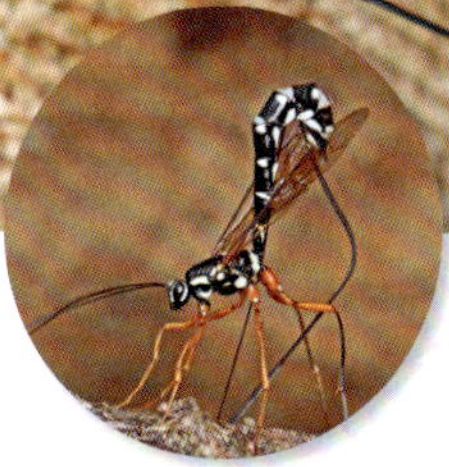

Holzschlupfwespe

Rhyssa persuasoria

Länge 18–40 mm
Merkmale Eine sehr schlanke Schlupfwespe mit langen Fühlern und Beinen, der schwarze Hinterleib ist weiß gefleckt. Der Legebohrer des Weibchens ist körperlang.
Lebensweise Zur Eiablage werden Baumstämme aufgesucht, die von Holzwespen-Larven bewohnt sind. Das Weibchen erkennt diese Larven mit ihrem Geruchssinn und sticht mit dem Legebohrer zielsicher durch das Holz – dies kann bis zu 30 Min. dauern. Das Ei wird auf die Larve gelegt.
Vorkommen Vor allem in Misch- und Nadelwäldern, mit gefällten Stämmen, meist auf Lichtungen.

→ INTERESSANT Die aus dem Ei schlüpfende Larve frisst das Körpergewebe der Wirtslarve. Von Forstleuten wird die Holzschlupfwespe als biologischer Schädlingsbekämpfer sehr geschätzt.

Sandwespe mit Raupe →

Gemeine Sandwespe

Ammophila sabulosa

Länge 14–24 mm
Merkmale Eine schlanke Grabwespe mit lang gestieltem Hinterleib, der nach hinten verdickt ist. Das Ende des Stiels und der Anfangsteil des verdickten Hinterleibs sind rot gefärbt.
Lebensweise Sandwespen bauen ihre Nester im Sandboden. Der Sand wird mit den Füßen weggeschafft, bis ein einige Zentimeter tiefer Gang entsteht. Am Ende befindet sich die Brutkammer. Pro Nest werden nur 1 oder 2 Raupen von Schmetterlingen oder Larven von Blattwespen eingebracht. Auch dieser Transport erfolgt zu Fuß.
Vorkommen An vegetationsarmen Stellen in Sand- und Kiesgruben.

→ INTERESSANT Die erbeuteten Raupen werden durch mehrere Stiche gelähmt, aber nicht getötet. Das Ei wird direkt an den Raupenkörper abgelegt und die Larve ernährt sich von der Raupe.

Frühlings-Wegwespe mit erbeuteter Spinne →

Frühlings-Wegwespe

Anoplius viaticus

Länge 8–14 mm
Merkmale Wegwespen sind schlank, sie haben lange Beine und Fühler.
Lebensweise Wie die Sandwespen bauen Wegwespen ihre Nester in lockerem Sandboden. Bevorzugte Beute sind im Frühjahr Wolfsspinnen, die durch einen Stich gelähmt und rückwärts zum Nest geschleppt werden. Nach der Eiablage wird das Nest verschlossen.
Vorkommen An vegetationsarmen Stellen in Sand- und Kiesgruben.

→ INTERESSANT Pro Nest wird nur ein Beutestück deponiert und nur ein Ei abgelegt, daher sind die erbeuteten Spinnen oft sehr groß. Zum Sommerende graben die Weibchen Überwinterungsnester.

Kopfschild mit 3 schwarzen Punkten →

Deutsche Wespe

Vespula germanica

Länge 12–20 mm
Merkmale Zeichnung auf dem Kopfschild mit 3 schwarzen Punkten, manchmal mit nur 1 Fleck, aber nie ankerförmig wie bei der Gewöhnlichen Wespe. Augeneinbuchtung ganz gelb.
Lebensweise Die Nester werden meist in verlassenen Mäuse- oder Maulwurfsbauten angelegt. Zum Nestbau wird festes Holz verwendet, das oberflächlich grau verwittert ist. Die grauen Nester können einen Durchmesser von 50 cm erreichen.
Vorkommen Mit die häufigste Wespe Deutschlands, sehr anpassungsfähig, nahezu überall zu finden.

→ **INTERESSANT Die gelb-schwarze Färbung aller Wespen ist eine sehr wirksame Warnfärbung, die von der Wehrhaftigkeit dieser mit einem Giftstachel ausgestatteten Insekten zeugt.**

Kopfporträt →

Hornisse

Vespa crabro

Länge 18–35 mm
Merkmale Der Körper unserer größten Wespe ist rotbraun gezeichnet, der Hinterleib überwiegend gelb.
Lebensweise Hornissen bauen ihre Nester gern in hohlen Bäumen, aber auch in Holzschuppen oder Dachböden. Das graubraune Nest ist marmoriert, bis zu 60 cm hoch und 30 cm breit, wird aber meist von nicht mehr als 1000 Tieren bewohnt.
Vorkommen In offenen Lebensräumen, lichten Wäldern und im Siedlungsgebiet.

→ INTERESSANT Hornissen sind im Allgemeinen nicht aggressiv, nur sollte man dem Nest nicht zu nahe kommen. Ein Hornissenstich ist nicht gefährlicher als ein Bienen- oder Wespenstich.

Kopfporträt,
Kopfschild ganz gelb

Haus-Feldwespe

Polistes dominula

Länge 12–18 mm
Merkmale Kopfschild ganz gelb, seltener mit einem schwarzen Fleck. Die Fühler sind ab dem 3. Glied orangegelb.
Lebensweise Das über 10 cm große Nest wird bei uns unter geschützten Hohlräumen wie Felsnischen oder Dachziegeln gebaut. Als Baumaterial werden vertrocknete Pflanzenstängel vom Vorjahr verwendet, die die Wespen mit den Kiefern abraspeln. Die Nester sind auf der Rückseite mit einem leimartigen Sekret beschichtet und recht stabil.
Vorkommen Im südlichen Mitteleuropa überall häufig, in warmem, offenem Gelände, auch im Siedlungsgebiet.

→ INTERESSANT Feldwespen sind recht friedfertig und besuchen gern Doldenblüten. Die Nester werden oft von mehreren Jungköniginnen gegründet.

Kopfporträt, schwarze Zeichnung nach oben erweitert →

Sächsische Wespe

Dolichovespula saxonica

Länge 11–18 mm
Merkmale Die schwarze Zeichnung auf dem Kopfschild ist oft nach oben erweitert. Die Augeneinbuchtung ist oben schwarz und unten schmal gelb.
Lebensweise Die etwa kindskopfgroßen, grauen, fast glatten Nester werden meist frei hängend befestigt, oft in Dachböden oder außen an Gebäuden. Ein Volk kann eine Stärke von bis zu 1000 Tieren erreichen.
Vorkommen Diese häufige Wespe kommt in offenen Lebensräumen vor und findet sich sehr oft auch im Siedlungsbereich.

→ INTERESSANT Die Sächsische Wespe ist recht friedfertig und fliegt auch nicht an süße Lebensmittel. Man sollte bewohnte Nester auf keinen Fall entfernen.

Hinterbein mit Pollen-Sammelapparat →

Honigbiene

Apis mellifera

Länge 11–18 mm
Merkmale Körperfärbung braun, seitliche Brust und Ringe des Hinterleibs gelblich behaart, bei manchen Rassen auch rötlich. Männliche Honigbienen werden Drohnen genannt, man erkennt sie an den deutlich vergrößerten Augen.
Lebensweise Die Staaten der Honigbiene sind mit bis zu 80 000 Individuen recht volkreich. Regiert wird der Staat von einer einzigen Königin, die von der Versorgung durch die Arbeiterinnen abhängig ist. Pro Tag kann sie bis zu 2000 Eier legen. Die schon nach 3 Tagen schlüpfenden Larven werden in ihren Waben von Arbeiterinnen mit Pollen und Honig gefüttert. Nach etwa 5–7 Tagen schließen die Arbeiterinnen die Wabe mit einem Wachsdeckel und die Larve spinnt sich in einem Kokon ein. Knapp 2 Wochen später schlüpft die junge Biene.

↑ Drohne mit vergrößerten Augen

↑ Imker mit Waben

Vorkommen In allen mehr oder weniger offenen Landschaften wie Wiesen, Parks, Waldränder, auch in der Großstadt.

Die Honigbiene wird vom Menschen schon seit über 5000 Jahren als Honig- und Wachslieferant genutzt. Berühmt ist ihre Verständigung mittels der »Tanzsprache«. Mit dem Rundtanz werden den anderen Arbeiterinnen detaillierte Informationen zu nahegelegenen Futterquellen vermittelt. Der Schwänzeltanz zeigt Sammelstellen in über 100 m Distanz an. Die Geschwindigkeit des Tanzes informiert über die Entfernung – je langsamer, um so weiter ist die Futterquelle entfernt.

→ INTERESSANT Zur Verteidigung setzen die Arbeiterinnen ihren mit Widerhaken versehenen Giftstachel ein. Dieser bleibt beim Stich in der Haut eines Warmblüters (u. a. Mensch) stecken. Dies führt zum späteren Tod der Biene.

Gartenhummel beim Blütenbesuch →

Gartenhummel

Bombus hortorum

Länge 11–22 mm
Merkmale Die Gartenhummel ist auffällig gezeichnet. Der Kopf ist schwarz. Die Brust beginnt mit einer bräunlichen bis gelben Binde, es folgt ein breiter, schwarzer Bereich und sie endet wieder mit Gelb. Der Hinterleib ist gelb, schwarz, und dann weiß.
Lebensweise Für den Neststandort kommt ein breites Spektrum von ober- und unterirdischen Plätzen in Frage, wie z. B. schon angelegte Nester von Vögeln und Mäusen, aber auch Nistkästen, Dachböden und Stadel.
Vorkommen Von der Meeresküste bis über 2000 m in den Alpen, Wiesen, Brachland, Feldrainen, in Gärten und Parks.

→ INTERESSANT Hummeln können durch Muskelzittern ihre Brust und ihren Hinterleib auf sehr hoher Temperatur (34–37° C) halten und damit auch bei kühlen Außentemperaturen (ca. 2–3° C) noch fliegen.

Nest der Steinhummel →

Steinhummel

Bombus lapidarius

Länge 12–22 mm
Merkmale Die Grundfarbe der Steinhummel ist schwarz, nur die letzten Hinterleibssegmente sind rot behaart. Männchen haben vorn an der Brust eine zusätzliche gelbe Binde.
Lebensweise Wie die Gartenhummel ist die Steinhummel sowohl ein Nestbezieher als auch ein Nestbauer (gleiche Orte wie die Gartenhummel). Sie ist noch spät im Jahr zu beobachten. Die Völker können bis zu 300 Individuen umfassen.
Vorkommen Überall in offenem Gelände, fast nie im Wald, bis in ca. 1300 m Höhe.

→ INTERESSANT Hummeln sind nicht so leicht zu bestimmen. Einerseits treten sehr oft Farbvarianten in der Behaarung auf, andererseits gibt es etwa 10 Arten sogenannter Kuckuckshummeln, die als Sozialparasiten bei anderen Arten schmarotzen.

Königin →

Schwarze Wegameise

Lasius niger

Länge 3–9 mm
Merkmale Dunkelbraun bis schwarzgrau, mit dichter, silbriger Behaarung.
Lebensweise Wegameisen ernähren sich von zuckerhaltigen Ausscheidungen von Blatt- und Wurzelläusen, die sie durch Betrillern mit den Fühlern zur Honigtau-Abgabe motivieren. Sie nisten hauptsächlich unter Steinen, auch unter gepflasterten Gehwegen mitten in der Großstadt.
Vorkommen Unsere häufigste Ameisenart kommt nahezu überall vor, wenn es nicht zu trocken ist.

→ INTERESSANT Nur Ameisenmännchen und fortpflanzungsfähige Weibchen – die von Juni bis September auftretenden Geschlechtstiere – haben Flügel. Arbeiterinnen sind stets ungeflügelt.

Ameisenhügel →

Rote Waldameise

Formica rufa

Länge 5–11 mm
Merkmale Abgesehen vom schwarzen Hinterleib ist der Körper überwiegend rot gefärbt.
Lebensweise Wie alle Ameisen sind die Waldameisen staatenbildend und durch ihre hügelartigen Kuppelbauten allseits bekannt. Dieses Nest wird von einer Königin gegründet, indem sie in das Nest der kleineren Grauschwarzen Sklavenameise eindringt und deren Königin tötet. Deren Arbeiterinnen ziehen dann die erste Brut auf.
Vorkommen Gern an Waldrändern, aber auch in lichten Wäldern (v. a. Nadelwäldern).

→ INTERESSANT Der bis zu über 1 m hohe Ameisenhügel dient der Temperaturregelung für das unterirdische, eigentliche Nest. Die Eingänge des Hügels können nach Bedarf geöffnet oder geschlossen werden. Alle Waldameisen stehen unter Naturschutz.

SCHMETTERLINGE schneller bestimmen

WIE BEI ALLEN INSEKTENORDNUNGEN arbeiten Wissenschaftler auch bei den Schmetterlingen daran, die natürlichen Verwandtschaftsbeziehungen zu erforschen und abzubilden. Für den Laien ist das aber oft nur schwer nachzuvollziehen. Ein praktikabler Weg erscheint bei den Schmetterlingen daher immer noch die Einteilung in Tagfalter und Nachtfalter, auch wenn einige Nachtfalter durchaus tagaktiv sind.

Du beobachtest einen Schmetterling.

↓

Schaue ganz genau auf die Fühler.

↓

Sind die Fühler deutlich knopfartig bzw. keulenförmig, ist es ein Tagfalter, sind sie anders gestaltet, ist es ein Nachtfalter.

AB SEITE 95

Tagfalter

Zu diesen Schmetterlingen mit ihren typisch keulenförmig verdickten Fühlern gehören viele bunte, sehr bekannte Falter, wie z. B. der gelbe Zitronenfalter (S. 96), das Tagpfauenauge (S. 100) oder die Bläulinge (S. 108).

AB SEITE 110

Nachtfalter

Nachtfalter sind oft unscheinbar gefärbt, nachtaktiv und sitzen in Ruhe meist mit dachförmig geschlossenen Flügeln. Doch das ist nicht bei allen so: Die Widderchen (S. 112) sind recht bunt und außerdem tagaktiv.

Raupe mit gelben Punkten an den Seiten →

Kleiner Kohlweißling

Pieris rapae

Spannweite 40–50 mm
Raupe Grün, mit feinem, gelbem Rückenstreifen und gelben Punkten an den Seiten.
Futterpflanze Raupen der 1. Generation leben meist an Wildpflanzen (Ackersenf, Hederich), die der 2. Generation vorzugsweise an allen angebauten Kohlarten.
Vorkommen In offenem Gelände, Gärten und landwirtschaftlichen Nutzflächen.

→ **INTERESSANT** **Eine der häufigsten einheimischen Arten, die an das Leben in der Kulturlandschaft gut angepasst zu sein scheint. Von März bis Oktober kommen bis zu 4 Generationen vor. Verwechslungsmöglichkeit besteht mit dem Grünader-Weißling. Bei diesem sind jedoch die Flügeladern auf der Unterseite breit grau bestäubt.**

Raupe mit weißem Längsstreifen oberhalb der Beine →

Zitronenfalter

Gonepteryx rhamni

Spannweite 50–60 mm
Raupe Mattgrün, mit weißlichem Seitenstreifen.
Futterpflanze Faulbaum und verschiedene Kreuzdorn-Arten.
Vorkommen Die Falter sind weit verbreitet, meist in Wald- und Buschgelände, aber auch in Gärten.

→ INTERESSANT Zitronenfalter überwintern frei in der Vegetation, meist in Bodennähe. Auch wenn sie eingeschneit werden, überstehen sie das unbeschadet. Die ersten Falter kann man bei Sonne oft schon im Februar beobachten. Die zweite (frische) Generation erscheint Ende Juni, ist aber besonders in der zweiten Julihälfte zu sehen. Während die Männchen gelb gefärbt sind, ist die Färbung der Weibchen weißlich grün.

Unterseite der Hinterflügel, mit unregelmäßiger Fleckzeichnung →

Aurorafalter

Anthocharis cardamines

Spannweite 35–48 mm
Raupe Blaugrün, mit feinen schwarzen Punkten und weißem Seitenstreifen.
Futterpflanze Wiesen-Schaumkraut, Knoblauchsrauke, Wegrauke, Ackersenf und andere Kreuzblütler.
Vorkommen In offenem Gelände, (feuchte) Blumenwiesen, Hecken und an Waldrändern. Die Art ist weit verbreitet und meist nicht selten.

→ INTERESSANT Wie wohl alle einheimischen Weißlinge gehört auch der Aurorafalter zu den sogenannten Patrouillierern. Die Männchen fliegen auf alle weißen Objekte zu, die dem Weibchen von der Größe her entsprechen (den Weibchen fehlt im Unterschied zu den Männchen der orange Fleck der Vorderflügel). Die Falter fliegen von April bis Juni in einer Generation.

Auffällig gemusterte Raupe

Schwalbenschwanz

Papilio machaon

Spannweite 50–80 mm
Raupe Grünlich, mit schwarzen Gürteln, in denen sich orangerote Punkte befinden.
Futterpflanze Die Raupen ernähren sich von einem breiten Spektrum von Doldenblütlern, z. B. Wilder Möhre, Fenchel oder Pastinake.
Vorkommen Meist einzeln in offenem Gelände, an Wegrändern, auch in Gärten (an Buddleja). Flugzeit April bis Sommer sowie Juli bis Anfang Oktober in 2 Generationen.

→ INTERESSANT Die Falter zeigen das sogenannte Hilltopping-Verhalten. Damit sich Männchen und Weibchen leichter finden können, treffen sie sich zu Balzflügen und sammeln sich an erhöhten Punkten um Bergkuppen oder Burgruinen.

Die plumpe Raupe →

Segelfalter

Iphiclides podalirius

Spannweite 50–84 mm
Raupe Die Jungraupe ist schwärzlich. Nach der ersten Häutung ist sie plump, grünlich, mit gelblicher Rückenlinie, gelben Schrägstrichen und rotbraunen Punkten.
Futterpflanze Vorzugsweise an Schlehe, aber auch an Felsenkirsche und Weißdorn.
Vorkommen In trockenem und warmem Gelände, besonders an steilen Sonnenhängen mit Schlehenbewuchs. Der Segelfalter kommt meist nur lokal vor und ist selten.

→ **INTERESSANT Dieser Falter sucht wie der Schwalbenschwanz erhöhte Landschaftspunkte zum Hilltopping auf. Der Segelfalter ist stark gefährdet, v.a. durch das Verschwinden von Schlehenhecken (Flurbereinigung) und den Einsatz von Insektiziden (Weinberge).**

Raupe auf Brennnessel →

Tagpfauenauge

Aglais io

Spannweite 50–60 mm
Raupe Schwarz, fein weiß punktiert, mit langen, schwarzen Rücken- und Seitendornen. Die Raupen leben gesellig in einem gemeinsamen Gespinst.
Futterpflanze Hauptsächlich Brennnesseln.
Vorkommen Überall weit verbreitet und häufig, oft in Gärten und Parklandschaften, auch in Großstädten (Ubiquist).

→ INTERESSANT Die Falter überwintern an geschützten Stellen wie Heustadeln, Gartenhäuschen und Dachböden. Oft erwachen sie an sonnigen Tagen schon im Februar aus der Winterruhe. Sie sind rege Blütenbesucher und gehen in Gärten gern an den Sommerflieder (Buddleja). Die Hauptflugzeit ist bei uns von Juni bis Ende August.

Falter-Unterseite →

Admiral

Vanessa atalanta

Spannweite 50–60 mm
Raupe Die variabel von gelblich bis schwarz gefärbten Raupen sind Einzelgänger, die in einem von ihnen selbst zu einer Tüte zusammengesponnenen Brennnesselblatt leben.
Futterpflanze Hauptsächlich Brennnesseln.
Vorkommen Ein sehr verbreiteter Wanderfalter, in freiem Gelände, an Hecken und in Obstgärten (an gärendem Fallobst saugend).

→ **INTERESSANT Als ursprünglich südeuropäische Art flog der Admiral als Wanderfalter im Frühjahr über die Alpen zu uns. Inzwischen hat sich (durch den Klimawandel?) eine eigenständige Population in Mitteleuropa gebildet, die hier auch überwintern kann.**

Raupe auf Brennnessel →

Kleiner Fuchs

Aglais urticae

Spannweite 40–50 mm
Raupe Der Körper ist schwarz und fein weiß gefleckt; mit gelben, unterbrochenen Rücken- und Seitenstreifen und schwarzen Dornen.
Futterpflanze Ausschließlich Brennnesseln.
Vorkommen Der Kleine Fuchs ist ein Ubiquist und in offenem Gelände überall weit verbreitet. Er ist eine der häufigsten einheimischen Arten.

→ INTERESSANT Der Falter überwintert in Dachböden, Holzspalten oder Mauslöchern. Er ist im Frühjahr einer der ersten Falter und bringt je nach Klimasituation 2–3 Generationen hervor. Wie beim Tagpfauenauge leben die Raupen bis zur letzten Häutung in einem gemeinsamen Gespinst.

Raupe mit gelben Dornen →

Distelfalter

Vanessa cardui

Spannweite 45–60 mm
Raupe Hell gelblich bis grünlich braun oder schwärzlich, mit gelblichen Dornen besetzt. Unterhalb des gelben Seitenstreifens ist die Raupe rötlich braun gezeichnet.
Futterpflanze Disteln, Brennnesseln, Malven und Klette.
Vorkommen In fast allen Kontinenten, in offenem und trockenem Gelände, an Wegrändern, in Kiesgruben.

→ INTERESSANT Wie der Admiral ist der Distelfalter ein aus Südeuropa und dem nördlichen Afrika einwandernder Wanderfalter, der bei uns aber nicht überwintern kann. Er fliegt von Mai bis Oktober in 2–3 Generationen, sodass neu eingewanderte und im Gebiet geschlüpfte Falter nebeneinander vorkommen.

Unterseite mit Silberstrich →

Kaisermantel

Argynnis paphia

Spannweite 55–65 mm
Raupe Schwarzbraun, auf dem Rücken mit einem gelben Band. Die dunkelgelben, verzweigten Dornen sind sehr lang.
Futterpflanze Fast ausschließlich Veilchen-Arten.
Vorkommen Immer in Waldnähe, bevorzugt auf Lichtungen und an Waldrändern.

→ INTERESSANT Der Kaisermantel ist der größte der heimischen Perlmutterfalter. Diese Falter tragen auf der Unterseite – v. a. am Hinterflügel – mit perlmutterglänzenden Schuppen besetzte Flecken. Diese Schuppen brechen und reflektieren das Licht an ihrer Oberfläche. Die Flügelunterseite des Kaisermantels ist grünlich mit silbrig weißen Streifen, daher auch der Name »Silberstrich«.

Dornen der Raupe mit weißen Spitzen →

Roter Scheckenfalter

Melitaea didyma

Spannweite 30–45 mm
Raupe Weiß, am Rücken mit 2 Reihen orangefarbener Flecke und orangeroten Dornen.
Futterpflanze Königskerze, Leinkraut, Ehrenpreis, Wegerich.
Vorkommen An recht warmen, trockenen, blütenreichen, offenen Stellen auf Waldlichtungen und Wiesen.

→ **INTERESSANT Der Rote Scheckenfalter gehört zu den variabelsten einheimischen Tagfaltern. Es wurden zahlreiche geografische und lokale Formen beschrieben. Im süddeutschen Bergland ist er nicht selten, stellenweise wird aber ein Rückgang der Art festgestellt. Die Überwinterung erfolgt als Jungraupe an der Futterpflanze, sie lebt einzeln.**

Falter-Unterseite mit Augenflecken am Flügelrand →

Schachbrettfalter

Melanargia galathea

Spannweite 37–55 mm
Raupe Gelblich grün oder gelbbraun bis graubraun, mit heller Seitenlinie.
Futterpflanze Verschiedene Gräser wie Lieschgras, Knäuelgras, Trespe.
Vorkommen Weit verbreitet, auf Grasland, Trockenhängen, an Waldrändern und auf Waldlichtungen.

→ INTERESSANT Dieser Falter gehört zur Gruppe der Augenfalter. Sie sind durch einen oder mehrere rundliche Augenflecken gekennzeichnet, die sich meist auf der Unterseite der Flügel befinden. Beim Schachbrettfalter sind diese Flecke nur auf der Unterseite der Hinterflügel zu sehen. Wird in Ruhestellung der Vorderflügel vorgezogen, werden diese Augenflecke plötzlich sichtbar und können einen Feind irritieren.

Raupe mit dunkler Rückenlinie →

Brauner Waldvogel

Aphantopus hyperantus

Spannweite 35–48 mm
Raupe Die Raupe ist ziemlich dick, ockerfarben bis gräulich und mit einer dunklen Rückenlinie und dunklen Borsten versehen. Sie hat einen undeutlichen Seitenstreifen und weißen Fußstreifen, der Kopf ist rotbraun.
Futterpflanze Verschiedene Gräser (Trespe, Rispengras, Seggen).
Vorkommen In halbschattigem und offenem Gelände, an Waldrändern, in Gebüschen und Hecken.

→ INTERESSANT Ein weit verbreiteter und häufiger Falter, der recht langsam fliegt und beim Absetzen sofort die Flügel zusammenklappt, sodass die Augenflecke gut zu sehen sind. Nur wenn es kühler ist, sonnen sich die Falter mit ausgebreiteten Flügeln.

Unterseite mit orangefarbenen Randmonden →

Hauhechel-Bläuling

Polyommatus icarus

Spannweite 25–34 mm
Raupe Hellgrün, mit hellen Rücken- und Seitenlinien.
Futterpflanze Selten Hauhechel, in erster Linie am Gemeinen Hornklee und anderen Schmetterlingsblütlern.
Vorkommen Sowohl auf trockenen wie auf (nicht zu) feuchten Wiesen, in offenem Hügelland.

→ INTERESSANT Der Hauhechel-Bläuling dürfte bei uns – dank großer Ausbreitungsfreude – die häufigste Bläulings-Art sein. Er wird auch Gemeiner Bläuling genannt. Die Falter können sich auch an deutlich veränderte Umweltbedingungen anpassen. Männliche Falter besetzen eine Sitzwarte, meist auf einem Blütenköpfchen, und jagen vorbeifliegenden Weibchen nach.

Gelbliche Raupe mit schwarzem Kopf →

Kleiner Würfeldickkopf

Pyrgus malvae

Spannweite 18–26 mm
Raupe Grünlich bis gelblich, mit großem, schwarzen Kopf und feiner, dunkler Rückenlinie.
Futterpflanze Fingerkraut, Brombeere, Himbeere – nicht an Malven, wie der wissenschaftliche Artname vermuten lässt!
Vorkommen In Mitteleuropa weit verbreitet, auf sonnigem Grasland oft häufig, aber auch in Feuchtgebieten und auf Wegböschungen, im Bergland bis in ca. 2000 m Höhe.

→ **INTERESSANT Diese mittelgroßen Dickkopffalter fallen durch ihren dicken Kopf, ihre kräftige Brust und den bodennahen, schwirrenden Flug auf. Da sie tagsüber fliegen, werden sie hier zu den Tagfaltern gerechnet. Die Falter fliegen bis Ende Juni, vereinzelt auch im Juli.**

Raupe weiß gepunktet mit grünem Kopf →

Taubenschwänzchen

Macroglossum stellatarum

Spannweite 36–50 mm
Raupe Grün, mit weißen Längsstreifen und fein weiß gepunktet. Das Schwanzhorn ist blau mit gelber Spitze.
Futterpflanze Verschiedene Labkrautarten, selten an Färberröte und Miere.
Vorkommen In allen Landschaftsbereichen, besonders auf Wiesen mit nektarspendenden Blüten.

→ **INTERESSANT Die Falter sind ausgezeichnete und ausdauernde Flieger, die über Tausende von Kilometern wandern können. Ihr Flugverhalten erinnert an das eines Kolibris: Ähnlich wie diese schwirren sie oft nur einige Sekunden lang vor einer Blüte, um dann blitzschnell die nächste anzusteuern.**

Raupe mit 4 großen Augenflecken →

Mittlerer Weinschwärmer

Deilephila elpenor

Spannweite 60–68 mm
Raupe Grünlich bis bräunlich, mit 4 großen Augenflecken am Vorderkörper, Horn kurz und spitz.
Futterpflanze Weidenröschen, Blutweiderich, Indisches Springkraut.
Vorkommen Meist an etwas feuchteren Stellen, wie Gewässerufern, in Auwäldern, Parkanlagen.

→ INTERESSANT Der Falter ist dämmerungs- und nachtaktiv und saugt im Schwirrflug Nektar aus Blüten. Meist sieht man tagsüber nur seine große, auffällige Raupe. Diese zieht bei Störungen ihren Kopf zurück, bläht den Vorderkörper auf und präsentiert die bedrohlich wirkenden Augenflecken, die einen Angreifer erschrecken sollen.

Raupe fein behaart →

Sechsfleck-Widderchen

Zygaena filipendulae

Spannweite 28–40 mm
Raupe Widderchen-Raupen sind gedrungen gebaut, die des Sechsfleck-Widderchens ist gelb und besitzt eine Doppelreihe schwarzer Flecken auf dem Rücken.
Futterpflanze Schmetterlingsblütler (Hornklee) und andere krautige Pflanzen.
Vorkommen In offenem Gelände, Wiesen, Magerrasen, sonnigem Brachland und an Waldrändern.

INTERESSANT Die auffällige Färbung der Widderchen ist eine Warnfarbe und signalisiert Ungenießbarkeit. Die Körperflüssigkeit von Raupe, Puppe und Falter enthält schwach giftige Cyanverbindungen. Viele Vögel, die Widderchen das erste Mal erbeuten, meiden zukünftig die eklig schmeckende Art.

Die Raupe frisst mit Vorliebe welke Pflanzen →

Weißfleck-Widderchen

Amata phegea

Spannweite 30–40 mm
Raupe Grau, mit Büscheln von kurzen, grauen Haaren, Kopf hell rotbraun.
Futterpflanze Löwenzahn, Taubnessel, Labkraut, Wegerich.
Vorkommen Bevorzugt in trockenen, sonnigen und vegetationsreichen Biotopen. Nördlich der Alpen nur vereinzelt an warmen Plätzen.

→ INTERESSANT Obwohl das Weißfleck-Widderchen in seinem äußeren Erscheinungsbild in der Körper- und Flügelform an die »echten« Widderchen erinnert, gehört es doch wegen spezieller Flügelmerkmale zu den Bärenspinnern. Die Falter fliegen am Tag bei Sonnenschein und besuchen häufig Quendel- und Lavendelblüten, um Nektar zu saugen.

Die nachtaktiven Raupen ernähren sich von vielen verschiedenen Pflanzen →

Spanische Fahne

Euplagia quadripunctaria

Spannweite 45–60 mm
Raupe Schwarz, mit dünnen, grauen bis braunen Haarbüscheln, die auf orangebraunen Warzen sitzen. Orangegelbes Rückenband mit charakteristischem Warzenmuster.
Futterpflanze Breites Spektrum krautiger Pflanzen wie Taubnessel und Weidenröschen.
Vorkommen Bevorzugt auf Waldwegen, an Waldrändern, an Weg- und Straßenrändern mit Gebüsch, auch in Parks und Gärten, hauptsächlich im Süden.

INTERESSANT Diese Art ist ein Musterbeispiel für die verwirrende deutsche Namensgebung: Neben Spanischer Fahne sind u. a. Russischer Bär, Russische Fahne, Römerzahl und Feldbuschheiden-Prachtbär gebräuchlich.

↑ Vorderflügel mit weißlichem Gammazeichen

↑ Vorderflügel mit 5 Reihen kleiner, schwarzer Punkte

1 Gammaeule

Autographa gamma

STECKBRIEF 32–40 mm Spannweite • Raupe grünlich bis dunkelgrau, weißer Seitenstreifen, nur 3 Paar Bauchbeine • Krautige Pflanzen, u. a. Klee, Möhre • Kultur- und Brachland • Als häufiger Wanderfalter fast überall, tag- und nachtaktiv.

2 Traubenkirschen-Gespinstmotte

Yponomeuta evonymella

STECKBRIEF 20–26 mm Spannweite • Raupe hell gelblich bis bräunlich, schwarzer Kopf • Frisst fast nur Traubenkirsche • Auwälder, Waldränder, Siedlungsbereich • Raupen sehr gesellig, überziehen oft den ganzen Baum mit weißem Gespinst.

ZWEIFLÜGLER schneller bestimmen

MIT ETWA 9200 ARTEN sind die Zweiflügler die artenreichste Tierordnung in Deutschland. Ihr markantes Merkmal sind die zu Schwingkölbchen (Halteren) reduzierten Hinterflügel. Diese sind aber trotzdem wichtig, um den Flug zu stimulieren und die Lage des Flugs zu kontrollieren. Zudem dienen sie der Stabilisierung.

Du hast ein Insekt mit nur einem erkennbaren Flügelpaar entdeckt.

↓

Achte nun auf den Körperbau.

↓

Plumpe Arten gehören zu den Fliegen. Schlanke, langbeinige Arten gehören zu den Mücken.

AB SEITE 117

Fliegen

Die Fliegen sind im Körperbau eher plump, gedrungen, ihre Fühler sind recht kurz und die Mundwerkzeuge sind meist leckend-saugend.

AB SEITE 120

Mücken

Mücken sind schlank und langbeinig, ihre Fühler fadenförmig und die Mundwerkzeuge sind stechend-saugend.
⟶ Die hier mit aufgenommene Skorpionsfliege (S. 121) gehört eigentlich nicht zu den Zweiflüglern, sondern zu ihrer Schwestergruppe, den Schnabelfliegen.

Stubenfliege bei der Nahrungsaufnahme →

Stubenfliege

Musca domestica

Länge 6–9 mm
Merkmale Der Hinterleib ist gelbbraun und besitzt oben und zum Ende hin eine schwarze Zeichnung.
Lebensweise Stubenfliegen sind ständig auf der Suche nach Nahrung, die sie mit ihrem breiten Rüssel auflecken und aufsaugen können. Die beinlosen Larven (Maden) sind ebenfalls Allesfresser. Bis zu 5 Generationen – in warmen Ställen bis zu 15 – können sich innerhalb eines Jahres entwickeln.
Vorkommen Die Art kommt weltweit vor und ist eng mit dem Menschen assoziiert und daher auch regelmäßig in Ställen und Wohnungen zu finden.

→ **INTERESSANT Mikroben können an der gesamten Körperoberfläche der Fliege haften bleiben. So werden zahlreiche Krankheitskeime übertragen.**

Schwebfliege im Schwirrflug →

Hainschwebfliege

Episyrphus balteatus

Länge 7–12 mm
Merkmale Dunkelgrün glänzend, mit typischer gelber Bindenzeichnung auf dem Hinterleib. Die Seitenränder des Hinterleibs sind nach unten umgeschlagen.
Lebensweise Beherrscht wie alle Schwebfliegen perfekt den Schwirrflug, mit einer Schlagfrequenz von ca. 300 Hz. Die Tiere saugen an verschiedensten Blüten Nektar, können aber auch Baumsaft lecken.
Vorkommen In lichten Wäldern, an Waldrändern, in Wiesen und Gärten.

→ INTERESSANT Mit der gelb-schwarzen Hinterleibsfärbung ahmen viele Schwebfliegen die wehrhaften Wespen nach und erreichen damit einen gewissen Schutz vor ihren Feinden. Ihre Larven sind nützliche Blattlausvertilger.

↑ Pelzig behaart, langer Saugrüssel

↑ Hellgrau, kräftiger Stechrüssel

❶ Großer Wollschweber

Bombylius major

STECKBRIEF 8–12 mm lang • Ähneln kleinen Hummeln • Schwirrender Flug wie bei einem Kolibri; gestreckter, langer Saugrüssel • In lichten Wäldern, Parks und Gärten • Weibchen werfen ihre Eier im Flug vor den Eingängen von Wildbienennestern ab. Die Junglarven dringen in das Nest ein und fressen die Nahrungsvorräte der Bienenlarven.

❷ Wadenstecher

Stomoxys calcitrans

STECKBRIEF 3,5–5 mm lang • Blutsauger, sticht v. a. Pferde, aber auch Menschen (bevorzugt in die Beine) • Auf Viehweiden und in Ställen • Die Stiche sind recht schmerzhaft und es können Krankheitserreger übertragen werden.

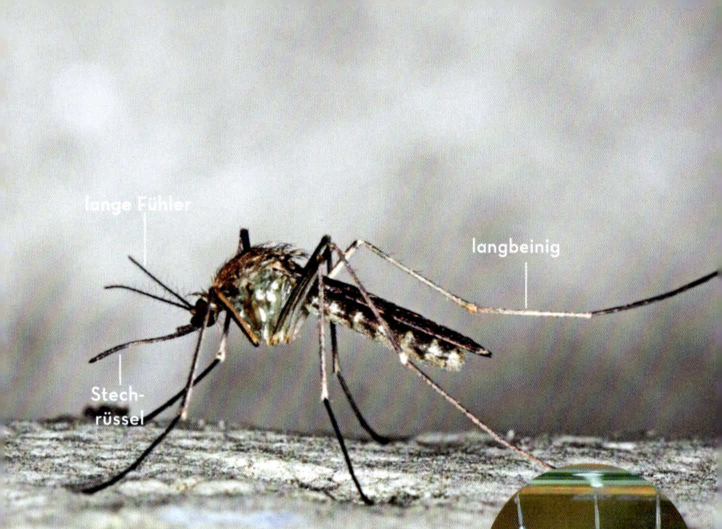

Larven hängen mit ihrem Atemrohr an der Wasseroberfläche

Gemeine Stechmücke

Culex pipiens

Länge 3,5–5 mm
Merkmale Nur Weibchen besitzen einen langen Stechrüssel.
Lebensweise Die Weibchen fliegen in die Schwärme tanzender Männchen und werden im Flug begattet. Zur Eientwicklung benötigen die Weibchen Blut, das sie hauptsächlich an Vögeln, aber durchaus auch an Säugetieren und auch an Menschen saugen. Die aufgenommene Blutmenge kann das Zwei- bis Dreifache des Körpergewichts ausmachen.
Vorkommen Überall, sofern geeignete Gewässer als Lebensraum für die Larven vorhanden sind – eine nicht abgedeckte Regentonne reicht.

→ INTERESSANT Der nach dem Stich beginnende Juckreiz wird durch im Speichel enthaltene Histamine verursacht, die beim Saugen die Blutgerinnung im Rüssel verhindern.

↑ Flügel lang, schmal, vorgezogene Mundpartie

↑ Männliche Skorpionsfliege

1 Riesenschnake

Tipula maxima

STECKBRIEF 30–40 mm lang • Schnaken stechen nicht, sie können nur Wasser oder Pflanzensäfte saugen • Feuchte Lebensräume, Ufergebiete von Quellen und Bächen • Eiablage (300–400 Eier) in den feuchten Boden • Die bis 5 cm langen, walzenförmigen, graubraunen Larven fressen v. a. Wurzeln.

2 Skorpionsfliege

Panorpa communis

STECKBRIEF 18–20 mm lang • Männchen mit skorpionsähnlichem Begattungsorgan am Hinterleibsende • Völlig harmlos • Feuchte Laubmischwälder, Bachränder • Erwachsene Tiere und Larven ernähren sich v. a. von toten Insekten, die sie auch aus Spinnennetzen stehlen.

Register

Bildnachweis

Heiko Bellmann/Frank Hecker (81): 7u, 8 klein, 9 beide, 10 klein, 11 l, 12 klein, 14 klein, 15 l, 17u, 22 groß, 23 klein, 24 klein, 26 klein, 27 beide, 29 (3), 30 groß, 31 groß, 32 beide, 36 beide, 37 beide, 38 beide, 39 klein, 40 groß, 41 beide, 44 beide, 45 r, 46 klein, 47 groß, 49 groß, 50 klein, 52 groß, 54 beide, 55 klein, 59 beide, 61 l, 62 klein, 63 l, 65 groß, 67 r, 69 groß, 70 groß, 73 r, 76 klein, 77 klein, 81 beide, 82 klein, 83 beide, 84 klein, 86 klein, 89 l, 98 groß, 103 klein, 106 klein, 107 beide, 109 beide, 112 groß, 113 klein, 114 klein, 116 beide, 117 beide, 118 klein, 119 l, 120 beide, 121 r; **Roland Gerstmeier** (1): 73 l; **Frank Hecker** (143): 6 beide, 7o, 7M, 8 groß, 10 groß, 11 r, 12 groß, 13 beide, 14 groß, 15 r, 16, 17o, 17M, 18 beide, 19 beide, 20 beide, 21 beide, 23 groß, 24 groß, 25 beide, 26 groß, 28, 30 klein, 31 klein, 33 beide, 34 beide, 35 beide, 39 groß, 42, 43 (3), 45 l, 46 groß, 47 klein, 48 beide, 49 klein, 50 groß, 51 beide, 52 klein, 53 beide, 55 groß, 56 beide, 57 beide, 58 beide, 60 beide, 62 groß, 64 beide, 65 klein, 66 beide, 67 l, 68 beide, 69 klein, 71 beide, 72 groß, 74 beide, 75 beide, 76 groß, 77 groß, 78, 79 (4), 80 beide, 82 groß, 84 groß, 85 beide, 86 groß, 87 beide, 88 beide, 89 r, 90 beide, 91 groß, 92 beide, 93 beide, 94 beide, 95 beide, 96 beide, 97 beide, 98 klein, 99 beide, 100 beide, 101 beide, 102 beide, 103 groß, 104 beide, 105 beide, 106 groß, 108 beide, 110 beide, 111 beide, 112 klein, 113 groß, 114 groß, 115 beide, 118 groß, 119 r, 121 l; **Hans Mühle** (1): 70 klein; **Frieder Sauer/Frank Hecker** (5): 22 klein, 40 klein, 61 r, 63 r, 91 klein; **shutterstock/Tomasz Klejdysz** (1): 72 klein.

Illustrationen: **shutterstock** (2): Umschlagklappe vorne innen links und rechts oben; **Stefanie Wawer** (8): Umschlagklappe vorne innen rechts unten, 2, 3, 4, 5 und **Wolfgang Lang** (5): S. 128, Umschlagklappe hinten innen.

Impressum

Umschlaggestaltung von GRAMISCI Editorial Design (Claudia Geffert), München, unter Verwendung eines Farbfotos von iStock/Stefan Rotter. Das Bild zeigt einen Maikäfer.
Die Fotos auf der Umschlagklappe vorne außen sowie das Foto auf der Umschlagklappe vorne innen links stammen aus dem Innenteil.

Mit 232 Farbfotos und 15 Illustrationen.

Gedruckt auf chlorfrei gebleichtem Papier

Pfizerstraße 5–7, 70184 Stuttgart
kosmos.de/servicecenter

ISBN 978-3-440-17391-6
Projektleitung: Claudia Salata
Redaktion und Satz: Barbara Kiesewetter Redaktionsbüro, München
Produktion: Markus Schärtlein
Gestaltungskonzept: GRAMISCI Editorial Design (Claudia Geffert), München
Druck und Bindung: Friedrich Pustet GmbH & Co. KG, Regensburg
Printed in Germany / Imprimé en Allemagne

NABU
INSEKTENSOMMER
Zähl mit!
Mehr zur Mitmach-Aktion unter:
WWW.INSEKTENSOMMER.DE
Foto: NABU/Gerd Wartha

Was heißt wie an einem Insekt?

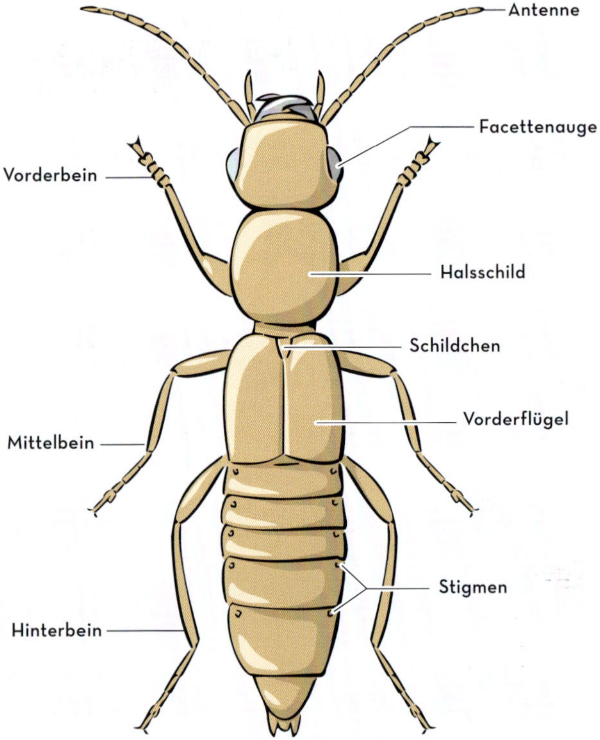